ダイバーシティJA

だれもが活躍できる地域をめざして

一般社団法人
日本協同組合連携機構

全国共同出版

はじめに

本書は、月刊誌『農業協同組合経営実務』2023年4月号から2024年3月号に掲載された特集「ダイバーシティJA」をとりまとめたものである。

ダイバーシティとは、人材の「多様性」を意味する。具体的には、性別や年齢、国籍や人種、宗教から趣味嗜好に至るまで、あらゆる要素があげられる。

しかし、ダイバーシティの概念の本質は、多様性そのものではなく、お互いの違いを認め合い、異なる価値観や属性——言い換えれば「その人らしさ」を活かし合うことにより、組織や社会全体の持続的な成長と発展を促進することにある。

本書ではそうした考えをもとに、多様な人材の「その人らしさ」を活かして、JAや地域の力として結集するための基礎的な概念や具体的な事例を、現場の実践者や研究者などの目をとおして、様々な角度から検討している。副題の「だれもが活躍できる地域をめざして」にはそうした思いが込められている。

ところで、今なぜJAにおいてダイバーシティを重視しなければならないのか。そこには2つの意味があると考えている。

1つは、超高齢社会の到来や選択肢の広がりなどを背景に、多くのJAが深刻な人材不足に陥っていることである。加速度を増して過疎化が進み、存続さえ危ぶまれている地域も少なくない。そうしたなか、JAや地域が、持続性を担保していくためには、年齢や性別などの属性にこだわることなく、今そこにいる人材がそれぞれの持つ価値観や能力をいかんなく発揮する必要性がある。

もう1つは、「JAとは何か」、「協同組合とは何か」という問いへの答えである。協同組合は、同じ目的を持つものが結集し、力をあわせてその目的を達成するために存在している。食と農を軸に、その地域に暮らす人々が幸せになることこそが、JAの存在意義であると筆者は考える。そうした社会を実現するためには、相手と競い合うのではなく、まずはそこにかかわるあらゆる人々が、お互いを認め合い、共感し合うこと、

そして共通の目的に向かって協働することが必要である。それはダイバーシティの本質に通ずることではないだろうか。

以上を踏まえ、本書では3つの柱を立てて、それぞれのテーマごとにダイバーシティを紐解く構成とした。読者には、興味のある分野から読み進めていただくことができるのも、本書の魅力である。

まず、第Ⅰ部では、「女性が創るつながりづくり」をテーマに掲げた。

第1章では、山梨県JA梨北の元常務である仲澤秀美氏より、ややもすると「JAの異端児」とも呼ばれてきた同JAにおける、他に類を見ない工夫に満ちた事業展開と、同JA初の女性常務理事としての自身の事業へのかかわりを、見事な筆致で紹介していただいた。

第2章では、JAふくしま未来経済部長（執筆当時）の菅野房子氏より、管理職登用までの経緯や悩み、それをどのように乗り越えてきたかを現場目線で綴っていただいた。職場で孤独に陥っている女性管理職がいたら、ぜひお読みいただきたい、あたたかな示唆にあふれている。

第3章では、JAを舞台に活躍するJA女性組織を取り上げた。具体的には、JA高知県女性部大篠支部が実践する子ども食堂の取組みを通じて、女性たちが、自ら楽しむ活動から、地域貢献活動へと活動を展開させながら、JA女性組織の活性化を実現しているプロセスとその仕掛けについて、筆者が継続的に調査してきた結果を紹介した。

第4章では、新潟県十日町市で、農村女性の自立支援や農業の課題解決に取り組む農業法人 women farmers japan（株）の代表取締役佐藤可奈子氏より、女性農業者が置かれている厳しい現状と、そこから脱するために、女性一人ひとりの内面に向き合いながら、ビジネスとコミュニティの両輪を回していこうとする取組みをご紹介いただいた。

続く、第Ⅱ部では、「多彩な力を活かす」をテーマとした。

第5章では、農福連携研究のオーソリティである、東海大学文理融合学部経営学科教授の濱田健司氏より、障がい者などの社会的弱者が、農業を通じて働くことで対価を得ながら、地域の農業を支えるという、本来の農福連携のあるべき姿と、それらを通したJAの役割を再考してい

ただいた。

　第6章では、第5章で示された概念を実践する取組みとして、（株）JAぎふはっぴぃまるけ統括部長の髙橋玲司氏より、19人の障がい者を職員とする同社の設立へのプロセスや、具体的な業務内容、障がい者を雇用するうえでのきめ細やかな対応の工夫をご紹介いただいた。「障がいは個性であり特性であり、その子をその子たらしめる特徴である」という氏の言葉は、JAが目指すべき「共生社会実現」の姿を示している。

　第7章では、（株）イマージョン代表取締役の藤井正隆氏より、JAにおける高齢者雇用にスポットを当て、高齢者が生み出す価値とそれを活かすための組織のあり方を、高齢職員の弊害と具体的な対応策にも触れながら考察していただいた。

　第8章では、信州大学学術研究院農学系助教の小林みずき氏に、農村地域に居住しながらも実は農業とは遠い位置にある非農家に着目したうえで、属性を問わず参加できる農村社会のあり方を具体的な事例をもとに展望していただいた。

　第Ⅲ部では、「地域力を高める」をテーマに掲げた。

　第9章では、岡山県で「みんなの孫プロジェクト」を展開する代表の水柿大地氏より、高齢化・過疎化が進む農村地域において、高齢者の暮らしの困りごとを、地域に根付こうとしている若者が引き受ける「みんなの孫プロジェクト」のビジネスモデルを、ご本人の大学時代の経験から遡って詳細にご紹介いただいた。困りごとの解決と若者のかせぎを一体化させるだけでなく、地域の魅力を次世代に受け継いでいくことも目標に掲げた取組みであり、今後の農山村のあり方を展望するうえで、大きな励みになる。

　第10章では、作家で拓殖大学北海道短期大学客員教授の森久美子氏より、北海道の美唄市における小中学校の授業に農業を取り入れた「グリーン・ルネサンス推進事業」について紹介していただいた。これからの未来を担う子どもたちに対し、単なる農業体験に終わらない、継続した農業教育を行政とJA等が一体化して推進する事例であり、他のJAにおいても大いに参考になるだろう。

第11章では、JA共済総合研究所調査研究部主任研究員の福田いずみ氏に、農村における子育ての課題に焦点を当て、JAがこれまでに行ってきた保育事業の歴史と今後のあり方を、具体的な事例やデータをもとに展望していただいた。

　最後に、終章では、（一社）日本協同組合連携機構基礎研究部主席研究員の西井賢悟氏より、JAで働く職員が、仕事のやりがいや自らの成長を実感しながら働くことのできるJAづくりの具体的な方策について考察していただいた。「協同組合人が育つ組織文化づくりには、トップの役割発揮（コミットメント）が不可欠である」と氏は指摘している。

　以上、3部構成でまとめた各章の内容を簡単に紹介した。あらためて読み返してみたが、各章にはそれぞれの書き手の個性による「きらりと光る一言」が散りばめられていると筆者は感じた。ぜひ、その一言を見つけながら読み進めていただきたい。これもまた、本書が持つ「多様性」の現れだと思っている。

　農業と訳される「agriculture」は、「agri」（農に関連すること）と「culture」（文化）という2つの言葉が組み合わさって成り立っている。言い換えれば、土地だけでなく、人を耕し、地域を耕し、歴史と文化を耕すこともagricultureに内包されており、それらを有機的に組み合わせることで、だれもが暮らしやすい地域がつくられると思う。それを現実化するための母体や、プラットフォーム＝舞台・基盤としての機能がJAには求められている。本書が、そうした未来を展望するうえでの一助になれば幸いである。

一般社団法人日本協同組合連携機構
基礎研究部長　主席研究員　小川理恵

目　次

はじめに

第Ⅰ部　女性が創るつながり

第1章　JA梨北におけるダイバーシティ
―多様な人材で組合員の営農を守る―
山梨県・ＪＡ梨北 元常務　**仲澤 秀美**………8

第2章　女性管理職登用の実例と思い
福島県・ＪＡふくしま未来 経済部　**菅野 房子**……18

第3章　JA女性組織を再考する
一般社団法人日本協同組合連携機構 基礎研究部 主席研究員

小川 理恵……27

第4章　里山農業を、心うごく世界に
―女性農家が変わる瞬間―
women farmers japan 株式会社 代表取締役　**佐藤 可奈子**……37

第Ⅱ部　多彩な力を活かす

第5章　農福連携の価値とJAの役割
東海大学文理融合学部 経営学科 教授　**濱田 健司**……48

第6章　JAぎふ はっぴいまるけの取組み
―地域共生社会の実現をめざして―
株式会社ＪＡぎふ はっぴいまるけ 統括部長　**高橋 玲司**……56

第7章　JAの高齢者雇用の価値と役割
株式会社イマージョン 代表取締役　**藤井 正隆**……67

第8章　農村地域に居住する「農外者」と農のかかわり
信州大学学術研究院 農学系 助教　**小林 みずき**……77

5

第Ⅲ部　地域力を高める

第9章　みんなの孫プロジェクトの取組み
―自らが暮らしたいと思う地域で暮らし続けることをめざして―
ＮＰＯ法人英田上山棚田団 理事・みんなの孫プロジェクト 代表

水柿 大地 …… 90

第10章　農に学ぶ
美唄市グリーン・ルネサンス推進事業の取組みによる
「地域の教育力」
作家・拓殖大学北海道短期大学 客員教授　**森 久美子** …… 101

第11章　農協の保育事業の展望
―農村の子育ての課題に寄り添い続けて―
一般社団法人ＪＡ共済総合研究所 調査研究部 主任研究員

福田 いずみ …… 110

終　章　協同組合人として職員みんなが活躍するJAをめざして
一般社団法人日本協同組合連携機構 基礎研究部 主席研究員

西井 賢悟 …… 121

※所属、肩書き・役職は『農業協同組合経営実務』掲載時のものです。

第Ⅰ部
女性が創るつながり

第1章

ＪＡ梨北におけるダイバーシティ
―多様な人材で組合員の営農を守る―

山梨県・ＪＡ梨北 元常務 **仲澤 秀美**

１．はじめに

　山梨県の北のはずれに位置するJA梨北は、韮崎市・北杜市そして甲斐市の一部（旧双葉町）が管轄エリアである。典型的な中山間地域であり、近年ではノーベル生理学・医学賞を受賞された大村智博士の故郷として知られている。

　当JAは、1993年、山梨県で初の広域合併を実現し、１市６町３村にわたる９JAが１つになった。しかしながら、「合併」とは名ばかりの「合体」にすぎず、十数年間は課題案件を手探りで１つひとつ解決しながらの経営であり、合併20周年にようやく経営理念および行動指針を制定するに至った。先進的な取組みとしては、全国で唯一JAが所有する病院の設立、既成概念を打ち破る経済事業改革の実践などが特筆される。

２．ＪＡらしくないＪＡ

　当JAが"JAらしくないJA"もしくは"JAの異端児"といわれる所以は、このような取組みに対する評価であり、一番の要因は"JAらしからぬ"事業展開にあるらしい。たしかに、当JAの取組みは時として保守的ではなかった。しかしながら、決して組織の歴史を否定するものではなく、系統組織としての自覚のもとに先を見据えた新たな事業を展開してきた。その証拠に、当初は既成概念を打ち破る奇策と酷評されなが

らも、時代の変遷とともに推奨される方策へと高評価に転じている。

例をあげれば、当JAでは、主要農産物である米の全量を2004年産より自己販売している。出荷量6,000トン弱の小さな産地ではあるものの、食味は群を抜いていることから、「山梨県産の米ではなく、JA梨北の米として売る」ため、2004年に「梨北米」を商標登録し、全量の自己販売に踏み切った。

米は全農出荷が当然とされていた当時は、"JAグループの反逆児"とさえ揶揄されたが、JAの自己改革が騒がれる近年では、推奨される販売戦略として高い評価を得ている。

さらに、高価格帯の米として定着させつつ、売れ残りリスクを回避するためのブランド化も功を奏し、これまで柱の陰で売られていた「山梨県産の米」が「梨北米」として店頭に並び、県内のセブン－イレブンでは「梨北米」のロゴシールを貼付した米関連商品（おにぎり・寿司・弁当など）が陳列されている。

また、当JAの購買事業における全農からの仕入率は50％前後である。組合員に安価で供給するため、全農ありきではなく、全農も含めた多くの商社を比較し、一品ごとに仕入先を決定している。当然、系統組織であるという自覚を踏まえた取組みであるため、前段の米の自己販売も含めて、全農やまなしとの関係が良好であることはいうまでもない。

そのほか、購買事業における特筆すべき事業展開は、1999年度より肥料・農薬の自己取り値引き、2009年度より燃料事業の複数取引割引、2012年度より商系から低価格の生産資材を仕入れ、2016年度より申告用の農業収支帳票を組合員に配付するなど、JAの自己改革が騒がれる以前から自助努力による経済事業改革を実践してきた。

3．48歳の女性常務

当JAが"JAの異端児"と評されていることは前述したが、ともすればその一端は私の存在にあるのだろうか（本人にその意図はまったくないが）。

1985年7月、結婚を機に転職し、JA梨北の前身である韮崎市農業協同組合（まだJA呼称ではなかった）に中途採用された。正組合員要件ギ

リギリの農地（5アール）しか有しない公務員家庭で育った私には、農業経験もJA組織に関する知識もまったくなかった。支所の信用共済窓口に座った時、「支所の異動はあるにせよ、農協のオバサンとして年を重ねるのだろう」と覚悟したことを鮮明に覚えている。将来、JAでは異例の職員常務に就任するとは、予想だにしなかった。

　私の転機は、2000年、総合企画室への異動に端を発する。シンクタンク（総合企画室）に所属するからには、既成概念に囚われない新たな方策を打ち出そうという自負が、課長・室長・参事への昇格につながり、2009年、48歳で常務に就任した。

　この時、常務就任を迷う私に、「今のJAがダメだと思うのであれば、だれも変えてくれないと愚痴るのではなく自分で変えればいい」と背中を押してくれた主人の言葉は、後続を育成する際のキーワードになった。

　全国でも女性の執行役員が珍しい時代から常務を4期12年務め、2021年1月に職員として定年を迎え、同年4月に役員を退任した。決して順風満帆ではなかったが、家族の支えがあったからこそ乗り越えられたのだと思う。

　重ねて、“農に疎かった”私が臆することなく消費者目線の事業を展開できた要因は、現場の理解があったからである。なぜなら、私は“男性になること”を求められなかった（なるつもりもなかったが）。女も妻も母も捨てることなく、有体のままで仕事ができた。女性の地位向上には何かを犠牲にすることが当然とされ、男勝りになって男性と競ることが必然とされる時代背景のなかで、女性としての仕事のあり方を実現でき、周りもそれを認めてくれた。女性が男性の仕事の仕方を踏襲する必要はなく、女性の観点から結果を導き出せばいいのであり、結果が正しく評価されることが重要なのである。ここ数年、女性理事は全国的に増員しているが、数値的な登用ではなく経営への参画が重要かつ困難であり、JAがいまだに保守的組織であることは否めない。

　男性と女性は、根本的に違う。男性的な考え方の“危うさ”を制するのが女性的な感性であり、それは家庭でも社会でも共通の構図をなしている。これは価値観の違いであり、男性は社会の発展に傾注し、命や環

境や子どもの未来を危惧するのは女性の本能である。

災害時、途方に暮れる男性の横で、まず「食べること」を心配する女性、その女性の姿に奮起して行動を起こす男性、それぞれが秀でている役割を果たすことで社会は復興してきた。これからの社会は、この"つながり"がなければ持続し難いと思われる。

しかしながら、つながるための仕組みはできているのだろうか。女性が社会に参画する間口だけを開いて「さあ、がんばってみろ」といったところで、これまでの社会構造が見直されなければ、家事や育児に翻弄される女性の生活に歪みが生じる。「働く者が仕事に支障なく生活できる社会づくり」を整えなければ、本当の意味で女性の社会進出は実現しない。

４．「農」は人を選ばない

⑴　高齢技術者

さて、当 JA の管内が典型的な中山間地域であることは冒頭に述べたが、農業の課題は山積みであり、超高齢化・農業従事者の減少・農業後継者不足・耕作放棄地の増加・施設の老朽化など、全国津々浦々の課題がすべて該当するといっても過言ではない。一番怖いことは、「もう農業は終わりにする」という生産者の声である。JA にとっては倒産の危機である。作ることに"誇り"を持ってもらわなければ、農業が廃れてしまう。農業を支える生産者が踏ん張れるようなエールを送らなければならない。

政府がいうところの「強い農業」はたしかに必要だが、中山間地域の農業は「強い農業」だけでは成り立たず、家族農業に支えられた地域農業活動（農業に関する地域の協力活動）が必須なのである。

当 JA では、経営理念として「「梨北農業づくり」を実践し、組合員の営農を守る」と掲げている。「梨北農業づくり」では、熟練の生産者を高齢者ではなく高齢技術者と呼び、「農の匠」として農業技術の継承を託している。農業後継者（新規就農者）は、「できっかねえ（できるわけがない）」という頑固な熟練生産者の言葉にめげてしまうが、この言葉は高齢技術者のプライド（評価されたい気持ち）の表れである。長い経験に培われた豊富な知識に自信を持ちながらも、それらを伝える術に

戸惑い、多くの時間をかけなければ手に入らないことを知っている苛立ちが、「できっかねえ」という一言に凝縮されている。

それならば、高齢技術者の経験値を可視化して農業後継者（新規就農者）につなげばいい。JAは熟練生産者の経験値を可視化する手助けをし、高齢技術者あるいは生産部会と農業後継者（新規就農者）を"つなぐ役割"を果たすのである。地域農業に生産部会の存在は欠かせない。彼等こそ「アクティブメンバー」である。当JAでは、高齢技術者および生産部会と共に産地を守り、地域農業を継承している。

(2) 無料職業紹介事業

ところが、作る技術はあっても作る労働力がない高齢技術者が正組合員の大宗を占めている実状である。

そこで当JAでは、無料職業紹介事業による労働力の斡旋、産学連携・農福連携による労働力の確保、外国人技能実習生の受け入れなどにより、高齢技術者に労働力を提供している。

JA内に設置した無料職業紹介事業所による斡旋では、求人者と求職者の情報のマッチングによって地域農業の手助けをしている。

一例として、JA利用も農業経験もまったくない子育て中の女性求職者が、マッチングによる農業体験からJAに対する理解を深め、新たな地域農業応援者となった。片や、これまで流通がいうところの消費者ニーズに誘導され、果実や野菜を芸術品に仕立て上げていた求人者は、消費者側の求職者と労働を共にしながら、本来の消費者ニーズに気づかされる一面もあった。

(3) 産学連携

産学連携は、大学生による農業体験である。都心から電車でも自動車でも約2時間という地の利を活かし、体育会系の学生のオフシーズンなどに農業体験を取り入れる大学と連携した。学生の都合に合わせて労働の場をJAが用意し、労働力を提供してもらう。体育会系の学生は原則的にバイトが禁止されていることも多いため、労働力の対価として大学

第1章　JA梨北におけるダイバーシティ　―多様な人材で組合員の営農を守る―

あるいはサークル等にJAが活動費を寄付する。

　筋骨隆々の学生が何袋もの肥料を担ぐ姿を組合員は温かい笑みで迎え入れ、若者の笑顔で地域は活気に満ち、配達帰りの学生は組合員からもらった飲み物や菓子を両手一杯に抱えていた。学生に「バイト代をもらえなくてもいいの？」と聞くと、「トレーニングをサボれるんで…」とばつが悪そうに笑った。

　この体験を契機に、彼等が農業をビジネスとして選んでくれることを期待する。

⑷　農福連携

　近年、農福連携が推し進められているが、当JAでのはじまりは十数年を遡る。障害者の単純作業を繰り返す能力は、健常者の比ではない。広大な圃場の芋を人力で掘るとすれば、健常者は作業前から途方に暮れ、作業中は何度も時計を見るだろうが、彼等は違う。ひたすら掘り、大粒の汗を流しながら、時間を気にすることもなければ手を止めることもない。それぞれに対応できる労働は限られるが、農業は多岐にわたる労働の場を彼等に提供でき、穀倉地帯である当JAには多くの営農関連施設があるため、施設での労働も可能である。

　彼等の報酬は所属する施設に支払われることが多く、本人の手には1本の缶コーヒーが渡されるだけの場合もあるが、それが彼等にとっては自慢なのである。施設を出かける時に「いってきます」と敬礼する姿は"働いている優越感"の表れであると、施設の担当者が教えてくれた。

　「農」は人を選ばない。もし、自分ができる労働の対価で彼等の生活が成り立つとすれば、家族はどれほど安堵することだろう。

　"「農」は人をつなぐ"ことを実感したエピソードがある。

　当JAでは、福祉事業の一環として、高齢者のフレイル予防を目的とするミニデイサービスを実施しており、現場をリタイアした生産者も集っている。

　ある時、「お袋が怪我をして手が足りないから、出荷ができない」と、家族経営のソラマメ生産者から営農指導員が相談を受けた。そのことを

ミニデイサービスの利用者に伝えると、「すぐに持ってこうし（持っておいでよ）、剝いてやるから」と口を揃えていってくれた。

「お願いしてもいいのだろうか」と迷う生産者をJA職員が促し、何日間も作業が滞っていた大量のソラマメをミニデイサービスの会場に持ち込むと、会話を弾ませながら熟練の手さばきでアッという間に作業を終えた。何度も頭を下げて礼をいう生産者を見て、利用者は誇らしげだった。

"だれかの役に立つ"ことは最良のフレイル予防であり、「農」にはその機会が潤沢にあることを再認識する出来事であった。

⑸ 生産者への恩返し

熟練の生産者は、いずれ生産現場をリタイアする。これまで地域農業を支えてきた高齢技術者に、JAはどうすれば"恩返し"ができるのだろうか。

その答えが、2001年に開院した恵信梨北リハビリテーション病院（開院当時は「りほく病院」）であり、全国でもJAが所有する唯一の療養型病院である。開院当時は介護に対する理解がまだまだ低く、要介護者を介護施設に預けると親族や周囲の非難を浴びたため、預けることをためらう家族介護者も多かったが、病院であれば周りの理解も得やすく安心して預けることができた。

数年で介護の実状は世間に理解されるようになり、5年後には恵信りほくケアセンター（設立当時は「りほく病院高齢者ケアセンター」）を設立して介護サービスを充実させ、医療・介護の両面から地域に貢献している。

病院開院当時は介護事業所が少なかったことから、JAの介護事業でも、居宅介護支援事業・訪問介護事業・福祉用具貸与販売事業を実践し、組合員のニーズに対応した。しかしながら、時の経過とともに介護事業所も増え、組合員に多くの選択肢ができたことから、20年にわたる介護事業の役割は終了した。「継続は力なり」の呪縛にとらわれず、役目を終えた事業に終止符を打つ経営判断も時には必要なのである。

(6) 外国人技能実習生

　外国人技能実習生の受け入れも先進的な取組みの1つである。山梨県のJAでは、はじめての試みであったため、山梨県とJA山梨中央会による協議会の設立が必要であり、北海道・茨城県に次ぐ3例目とのことであった。受け入れ準備は整ったものの、新型コロナウイルス感染症のパンデミックによって実習生の出国が1年ほど制約され、ようやく2021年1月に4人のベトナム人を迎え入れた。JA職員として雇用し、営農関連施設の労務を中心に米づくりを指導している。

　ベトナムは若年層が厚いため、抜きん出なければ生活が成り立たず、その近道が日本での実習である。つまり、彼等にとって日本での実習はエリートへの登竜門であるため、非常にポジティブである。その前向きな姿勢が、ともすれば漫然となりがちなJA職員に好影響をもたらしている。引き続き実習生を増員する計画だったが、コロナ禍によって先送りせざるを得ない状況である。将来的には、生産者による農業技術研修を実施するなど、多くの実習生の受け入れと生産者との交流を予定している。

5．ブランド戦略

　こうして、様々な角度から地域農業を応援し、生産者にエールを送っているが、生産者の一番の望みは農業所得の向上である。これに直結する農産物ブランド化の手法も、"JAらしからぬ"事業展開であると評価されている。

　前述した主要農産物である米のブランド化では、タブーとされていた漆黒の袋に、黄金色に輝く稲穂をイメージした金文字で、武田信玄の気勢を彷彿させる行書体によって「梨北米」と描いた（図1）。

　この「梨北米」のイメージをあらゆる場面に登場させ、パブリシティの力を借りて「山梨県においしい米がある」ことをアピールした。

　広報は経営戦略である。売る者がビジョン

図1　「梨北米」の袋

を語り、思いを綴った宣伝でなければ伝わらない。ストーリーのない薄っぺらな宣伝は、その場限りにすぎない。「モノを売るのではなくコトを売る」「売れるモノを模索するのではなく売れるストーリーを作る」、オンリーワン戦略が功を奏したのである。

　ブランド戦略は広がる。果樹王国山梨の名にふさわしく果実は豊富であり、野菜の種類も多く、肉牛および乳牛が生産されるなど、管内の農産物は多岐にわたり、ディナーコースを賄うことさえ可能である。これらに共通し、一流品だけではなくすべてを対象とした段階的なブランド構築により、「廃棄ゼロ」をビジョンとして農業者所得の底上げを図った。

　選りすぐりの称号「メイドイン梨北エクセレント」、規格クリアの証「メイドイン梨北」、農産物直売所のシンボル「マルシェ梨北」、その他を網羅する「梨北さんち（産地・○○さんのお宅）」は、"JAらしからぬ"奇抜なロゴを用いてそれぞれの農産物に付与している。

　2018年8月、地元出身である大村智博士（2015年ノーベル生理学・医学賞受賞）を招いてシェラトン都ホテル東京（東京都港区白金台）で開催したメイドイン梨北ディナーは、JA梨北の農産物（所有する池で養殖した鱒を含む）によるディナーコースの宴であった。

　当JAの事業ストーリーに共感してくださった名高いホテルで、一流の料理人によって農産物が煌びやかな姿に変わり、その料理に多くの称賛の声が寄せられる様子を生産者に伝えることができ、"作る誇り"を奮い立たせるブランド戦略の集大成となった（図2、3）。

　このようなイベント等を契機として、日本人の意識に変化が生じることを願っている。食料自給率38％ということは、換言すれば、"日本人の体は6割以上が外国産"なのである。コロナ禍、ロシアのウクライナ侵攻などを要因とする"兵糧攻め"により、

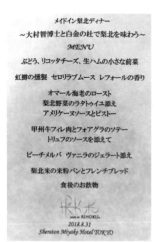

図2　JA梨北の農産物によるメイドイン梨北ディナーのメニュー

国産農産物への意識が高まっている。今こそ、JA の役割を果たす時ではないだろうか。正組合員でも准組合員でも、はたまた潜在的組合員（員外）でも、JA 利用が農業振興の原資となって日本農業を守り、その恩恵は「安全」「安心」な国産農産物として国民に還元される。

さらに、農業の多面的機能が国民に浸透すれば、「国産農産物を食べることで日本の景観を守る」という文化が生まれ、JA の必要性の「見える化」が実現する。

図3　メイドイン梨北のロゴパネルと筆者（メイドイン梨北ディナーの会場にて）
＊パネル中央の曲線は、アルファベットで「Rihoku」と書かれているが、横書きで「梨北米」と見えるように、星を上にして縦にすると「梨北」と見えるように配列されている。

6．最後に

先に述べた大村智博士は、「人のためになることを考えてやりなさい」という祖母の言葉を念頭に研究を続けてきたそうである。この言葉を借りるとすれば、協同組合は「組合員のためになることを考えて実現する」ために、"人と人がつながる"組織である。そして、協同組合原則にあるとおり、すべての人に開かれた組織であり、だれでも参画できる。

協同組合である JA は、だれ一人取り残すことなく地域と連携し、農業・農村と共存してきた。その歴史を礎として、SDGs がめざす「だれも取り残さない社会」に共感する JA 活動を展開し、これまで地域社会をつないできた"結"を柔軟に再生させ、新しい時代（未来）に対応する「新たな JA」となり、地域の"最後の砦"として役割を果たさなければならない。

（2023年4月号掲載）

第2章

女性管理職登用の実例と思い

福島県・ＪＡふくしま未来 経済部 菅野 房子

１．女性管理職登用までの経緯

　1985年５月に男女雇用機会均等法が制定され、育児休業法・パートタイム労働法・次世代育成支援対策推進法、さらに女性活躍推進法が成立しました。これら女性の就労環境を改善する法律が次々と整備され、それに伴いＪＡにおいても女性理事や女性管理職への登用が加速化しました。私もその加速化の波で、本店部長まで経験させていただきました。遡ればはじめて管理職を経験するのは入組後28年目でした。

　入組後にＡコープ、スタンド、信用窓口、購買店舗、本店経済業務、生活指導員を次々と担当し、その後、白地開拓としてＪＡ取引のないニューパートナーのお宅を１日100件回る共済渉外を２年、支店ＬＡを２年、共済渉外トレーナー等、様々な仕事を経験させていただきました。昇格も男性よりも遅れていたことや女性の先輩方の姿から「女性は縁の下の力持ち。最終的には職場のご意見番。職場のことに精通する重宝な人になるのが役目」と漠然と思っていました。

　法律が変わり、国が女性登用を推し進めるなかで、旧ＪＡ新ふくしまでも役員の女性登用意識が高まり、理事・職員・組合員・総代への取組みでは県内トップクラスといわれるほどに力を入れ、私も係長経験２年で管理職として本店企画部組織広報課長への昇格内示を受けました。

2．管理職への出陣

　突然の管理職人事に「私にできるだろうか」との戸惑い、男性にはない昇進の早さに対する職場の人たちの目、気持ち、意見等、管理職になることへの不安で頭がいっぱいになりました。所属長としての職務の責任の重さが強くのしかかり、怖くて怖くて辞令を受け取る前に辞めようかと思うほどでした。

　不安な気持ちがなかなか振り切れず、退任されたJA役員の方へ相談したところ「役員は人事をするにあたり、務まらない人は役職に任命しない。役職に任命してくれた役員に失礼だ。組織に不利益が生じる人事はありえない」と。さらに「女性を登用させることにあたり、だれかがやらなくてはならない。選ばれたことに負けずに、できることをやってみなさい。そしてこれからを担う人の相談役になりなさい」と。この言葉が私の背中を押してくれました。

　管理職になることだけで頭がいっぱいになり、何をすべきかを考えず、無意識に壁を厚くしていた自分に気づかされ、ここで私が辞めたら「だから女はダメなんだ。最初から無理なんだ」といわれてしまう。そんなことをいわれたら私を認めてくれた役員や未来のある女性職員に申し訳ない。そして、何より自信のない上司の部下になった職員に失礼だ…と気持ちが切り変わりました。幸い本店課長なので、部長や役員の方々がそばにいてくれる。精一杯職務をさせていただこうと決心しました。

　そのような思いで組織広報課長に着任しましたが、そこからは目まぐるしい日々の連続でした。広報誌（図1）の制作をはじめ、当JAからのすべての情報発信と組織活動・教育活動・イベント等の総括と実施を担い、実施した活動の報告書は年間170件を数えました。

図1　組合員向け広報誌『みらいろ』

広報活動で心がけたのは迅速な情報発信です。ホームページ記事アップ1日2本、日本農業新聞には2日に1本掲載するなど、報道機関へのプレスリリースを積極的に行いました。

　組織広報課はJA初の女性だけで構成された部署で、職員5人の平均年齢30歳です。当時、私が46歳なので、おのずと子どものような若い職員とまさに汗水を流しました。

　目の前のスケジュールをこなすことに精一杯で、最初に感じたプレッシャーを考える暇もなく、若いながらも優秀な部下に恵まれ、1つひとつチャレンジして満足できる結果が出せるようになり、やっと軌道に乗りはじめた1年後、あの出来事が……。

3．東日本大震災と原発事故

　2011年3月11日、東日本大震災が発生しました。電気は消え、ガスも止まり、水も出ない。そして何より原発事故が起こったことで大きく事態が一変しました。自分の生活がどうなるかわからないなか、組合員、女性部、役職員、地域ボランティアの方々と、津波や原発事故の被害で避難してきた方々へ毎日約4,000個のおにぎりを1か月間作り続けました（図2）。

　そして、農業者にとって最大の難題となったのが原発事故による風評

図2　炊き出しの様子

被害でした。米の全袋検査を行い、見事に実った農産物もモニタリング検査をして「安全だ」といくら訴えても、安心して買っていただけない。価格も安く、一生懸命生産している組合員の方々の口惜しさ、苦しさ、そして涙を肌で感じました。

　広報の仕事は記事の表現で受け取り方が変わることから、慎重な対応が求められました。特に営農に関する情報は、正確性が求められるので、記事をつぶさに役員に確認し、根気強く地域・全国へ発信していきました。

　全国の協同組合の仲間からたくさんの支援をいただき、また取引のまったくない方々からの励まし、ご理解、そして農産物を買っていただける喜び。何もかもがはじめて経験することばかり。福島の豊かな自然・風景のなかで農業を営む組合員・JA組織の偉大さを感じ、JA職員としてかけがえのない組合員・地域の方々のために環境保全に向けた活動をしなければならないと、より深く痛感しました。

　同時に、人と人とのつながりの素晴らしさにJA職員としての責任の重さ、重要さ、やらなければならないこと、伝えなければいけないことを肝に銘じながら業務に打ち込みました。

4．大きな役割の訪れと出会い

　いろいろなことが目まぐるしく駆け足で過ぎていった日々。少しずつ復興が進んでいくなか、2014年2月、女性初の北福島地区本部長兼北信支店長を拝命しました。組織広報課長経験4年でまた衝撃的な人事です。

　組合員数4,782人、管理部署は3支店、1営農経済センター、1資材店、1共選場からなり、職員・パート派遣を合わせると140人ほどの地区本部です。支店長も兼ねていることから、地区本部10組織を含む支店管内48組織のすべての総会、会議などに参加し、組合員の現状の把握と統括に加え事業目標の達成管理、職員の育成、コンプライアンスの遵守、事務統制等の総括等非常に責任の重い役職を担うこととなりました。

　旧JA新ふくしまとして、はじめて女性地区本部長となったことから、名前より先に「女性本部長」と組合員のみなさんからいわれ、その言葉の後に、「女で大丈夫なのか、できるのか」といわれているような気持

ちとなり、組織広報課長の時よりも強いプレッシャーが押し寄せました。

前例がない女性本部長に戸惑い「組合員のみなさんにも迷惑をかけているのではないか。不安を与えているのではないか」と強く思う日々が続きました。

そんな時、ふと周りの職員が一生懸命働いている姿を見て、異動のたびに成長のない、自信のない自分に腹が立ちました。

私は普通のJA職員、すごい上司ではない。優れている人に出会ったら、感じたら取り入れることで成長しよう。私は私でしかいられないのだから。人事異動が出ると「女だから」と自分のことばかりに悩んで、一番割り切れていないのは"自分"だったことにあらためて気づきました。

5．JAコンシェルジュの役割

それからは、管理職として前向きに仕事をするうえで、自分が大切にしていることを実践することにしました。

それは「組合員・利用者の方の小さなつぶやきを聞き逃さず、『ゆりかごから墓場まで』といわれているJA事業でコンシェルジュ的な役割になろう、お役に立てることを提案しよう」との心がけです（図3）。

私が自慢できることは、相手が話したいことを引き出すスキルを活かすことで、会話のなかからJAが役立てる事柄を探すことができます。

訪問先の玄関での靴の数、飾り、部屋の様子を見させていただいたら…無限の無言のつぶやきを読み取ることができるのです。

それをキャッチできるのは今までたくさんの部署で経験してきた私の得意分野です。

求められていること、困っていること、喜びをキャッチできれば、総合事業の強みを活かした提案ができます。繰り返し提案し、

図3　組合員家族と筆者（中央）

利用していただければ、役立てる数が増え、組合員・地域のみなさんの心の拠り所、信頼されるJAとなることができます。それは、管理職だからではなく職員としてやるべきこと、職員に与えられた役割だと思うのです。

JAとして「持続可能な農業生産の確立」をめざし、「食と農、地域を守り、つながる組織を作ること」を念頭に置き、人を大切にすることをモットーに職員の育成にも力を入れてきました。

まずは、私自身が職員の力になること、つまり話を聞く、様子を見守ることで、様々な部分のフォローができ、働きやすい職場をつくり、チームとしての絆を深めていきました。そうすることで、支店内での調和が生まれ、結束が高まり、職場を大切にしながら仕事に取り組む、力のある職員が多数生まれてきました。その行動が、組合員や地域の方に伝わり、いつも笑顔のある、多くの人が集まる場所に成長していきました。実績も順調に進み、JAのなかでもいち早く目標を達成する支店となりました。

6．JAふくしま未来での取組み

2016年、4JAが合併し、ふくしま未来農業協同組合が発足しました。

現在、組合員数は正・准合わせ約9万5,000人、職員、常用的臨時雇用合わせ約1,600人、販売高約280億円、購買事業約103億円、総貯金高約7,830億円、貸出金約2,150億円、共済保有高約2兆4,800億円と大きなJAに変わり、私の役職は、福島地区北部エリア代表支店長と管理エリアが拡大し、その後も福島地区金融共済担当部長、本店経済部長へと役職も変わり、女性初の役割を常に担ってきたように思います。

JAの女性管理職割合も管理職189人中35人となり、私も怯むことなく着実に事業を進めることができるようになりました。

本店経済部長着任後は、経済事業改革として、出迎える体制強化を掲げてJAのイメージアップに取り組み、資材店舗の美粧化・ディスプレイ・接客などを審査項目とした購買店舗コンクール、ロールプレイング大会を新たに提案し取り入れました。実施する前には、まず本店が自ら開催して見本を見せる研修会を行いました。

また、職員育成のための研修会として、経済事業次世代リーダー研修会、管理職研修会、品目別研修会など、毎年同じことをするのではなく、常にニーズ変化への対応を強化しようという思いを持ち、本店一丸となって行動した結果、担当する職員が少しずつ自ら変えていこうとする力が身についていきました。

　その成果として、2022年、全農主催のJA資材店CS甲子園2022へ出場し、初出場にもかかわらず、簡易陳列部門全国大会優勝店舗が誕生しました（図4）。

図4　JA資材店舗CS甲子園2022での簡易陳列部門優勝店舗と表彰大会

図5　ロールプレイング大会の様子

また、全国ではじめて開催された全農福島購買担当者ロールプレイング大会では、優勝と準優勝を獲得することができました（前頁図5）。

人材育成を大切にしてきた成果とそれに応えてくれる職員の素晴らしさを感じることができました。私の周りにはたくさんの人がいて、理解し、取り組んでくれたことに心から感謝しています。

7．女性管理職登用に思うこと

JAの女性管理職登用をする環境は、まだ遅れていると感じています。少しでも挑戦させたいと思う見込みのある女性職員がいたらぜひ積極的に登用してください。優秀な女性職員はたくさんいます。可能性を信じてみなければわからないのです。

そしてある程度、複数の登用ができたら、女性管理職が互いに話す機会を作ってあげて欲しいと思います。

女性が、管理職を受けると前向きになれない理由に

　　・ロールモデルがいない

　　・女性管理職が少なくて相談できない

　　・部下との人間関係への不安

　　・男性管理職の輪に入りづらい

　　・所属長になることへの不安

　　・家庭との両立　　など

があるといわれています。私も同じことで悩み、不安でした。そんな私が管理職を経験し感じたのは、職員として、また人としての成長につながる、ということです。それは男女関係ないと思います。

8．女性管理職になったあなたへ

あまり悩まずいつもの人事異動と同じく受け止めチャレンジしてみてください。

「女性だから」という評価ではなく、職員として一人の人間として自分は評価されていることに自信を持ちましょう。

男女関係なく、人事はJAが決めることです。それをやり遂げると決

めるのは自分です。ここで働かせていただくと決めたのは自分。その役割をしっかり受け止め、次に続く仲間を増やしてほしいです。

先のことばかり考えず、今を大切にして職場のメンバーをチームと考え、やるべきこと、守らなければいけないことをしっかり伝え、目配り、気配り、心配りを忘れず一人ひとりと向き合い、観察して話を聞いてあげることで個人を把握し、コミュニケーションを深めるのです。

悩みや不安への対応はスピード感を持ち対応し、叶えてあげられないことがあっても、情報を整理して結果を自分の言葉で伝えて納得するまで話をしてください。

良かったことは小さなことであっても褒めてあげてください。

道が外れたら話をして軌道修正してあげてください。

日々、共に歩み、考え、行動することで互いに成長し共感を得られ、メンバーがあなたを支えてくれる存在となり、リーダーとして認めてくれるでしょう。

きっと、その姿は組合員、地域の方へ伝わります。

最後に、叶えたい思いを実現させるために、総合事業を営むJAがあることを胸に、お役立ちの心を忘れず、組合員・地域の方が満足し、感動していただける活動をしていくことが使命だと感じます。

あなたにもJAという組織を、人を、農業を、地域を育み、心の輪を広げ、男女にこだわらず、あなただからできることを胸に、その立場だから感じるやりがいや喜び、可能性を感じて未来へつなげてほしいと思います。

（2023年5月号掲載）

第3章

ＪＡ女性組織を再考する

一般社団法人日本協同組合連携機構
基礎研究部 主席研究員　**小川　理恵**

１．はじめに

　JA女性組織の活動は、部員である女性自身のみならず、広く地域住民も巻き込みながら全国各地で彩り豊かに展開されている。それらはファーマーズマーケット（農産物直売所）拡大の基礎となった地産地消活動や、行政ではカバーできない高齢者福祉分野での助け合い活動、SDGs（持続可能な開発目標）で提起されている環境問題など、社会全体のニーズをとらえた地域活動にまで及び、JA女性組織の活動が「元気な地域」の源となっている例は枚挙にいとまがない。JA女性組織は、活動の幅を広げながら、地域活性化の先導者として各地で重要な役割を果たしているのである。

　わが国においては、地方創生と女性活躍が政策の主要な柱として数えられている。「地域の活性化」を「不断の自己改革」の基本目標の１つに掲げるJAグループにとって、JA女性組織は、地方創生と女性活躍を実現するうえで、欠かすことのできない組合員組織の筆頭だといえよう。

　しかし一方で、JA女性組織では部員の高齢化が著しく、部員数は減少の一途を辿っている[※1]。若い世代のJA離れが進むなか、新たな部員獲得に苦慮するJA女性組織も多く、意義ある活動を次世代へつなぐことが極めて厳しい状況にある。

それに加えて、JA の現場を見ると、職員の減少が顕著であり、重要であるはずの JA 女性組織の事務局に多くの労力をあてがうことがままならないのが現状である。

JA 女性組織の活動が先細りになることは、JA や地域の未来を展望するうえで大きな損失ではないだろうか。つまり、JA 女性組織の活性化は、もはや JA 女性組織の内側だけにとどまる問題ではなく、JA グループの、そして地域全体の課題であるといえる。

そこで本稿では、まず、筆者がある JA 女性組織の協力を得て実施した、当女性組織の部員へのアンケート調査の結果を用い、JA 女性組織の活性化とは何を指すのかを考える。次に、筆者が調査してきた、JA高知県大篠支部女性部が自主運営する「大篠子ども食堂」の発展プロセスを例にとりながら、JA 女性組織活動がより活性化するために必要なこととは何かを示す。それらをもとに、JA 女性組織のあり方をあらためて考えることとしたい。

2．JA 女性組織の活性化とは　〜魅力度と参加率

JA 女性組織が抱える課題を考えたとき、まず思い浮かぶのが「部員の減少」である。高齢化に加え、昨今のコロナ禍で「活動できないなら辞めよう」と集落全体で JA 女性組織を脱退するケースも増えていると聞く。そうした状況を受け、多くの JA 女性組織では、部員数の目減りをなんとか食い止めようと様々な手を打ってはいるものの、成果は限られているといわざるを得ない。

しかし、日本全体が超高齢社会を迎え、農業においても高齢化と担い手不足が如実となるなか、JA 女性組織だけがその煽りから逃れることは土台無理な話である。とするならば、目を向けるべきなのは「部員の増加」という目標にしばられることではなく、高齢化以外を理由とした組織からの離脱を抑えることや、名前だけ連ねていても活動にはほとん

※1　JA 女性組織の部員数は、最盛期の1958年には344万人を数えたが、1980年以降減少が加速し、2022年には42万人と最盛期の12.2％にまで減少している（JA全中調べ）。

ど参加しない部員に働きかけ、要望を聞きながら活動参加を促すことである。今在席している部員たちが、JA 女性組織を舞台に活躍できる活動を積み重ね、それを発信し続けることで、少しずつであっても、新たなメンバーの加入も期待できるかもしれない。そうなるために、何が必要なのだろうか。

　参考となるのが、筆者がある JA 女性組織の協力を得て実施した「JA 女性組織部員の意識と行動に関するアンケート調査」[2]の結果である。

　アンケートでは、まず「JA 女性組織は魅力的か」（魅力度項目）に対し、①とても魅力を感じている、②ある程度魅力を感じている、③あまり魅力を感じない、④全く魅力を感じない、という 4 段階で回答を得た。

　次に「どれくらいの頻度で JA 女性組織活動に参加するか」（参加頻度項目）に対し、①週に 1 回以上、②2 週間に 1 回程度、③1 か月に 1 回程度、④1 年に数回程度、という 4 段階で回答を得た。この 2 つの質問の結果をクロスさせて、折れ線グラフで示したものが次頁図 1 である。

　魅力度項目で①「とても魅力を感じている」と答えた人は、参加頻度項目①（週に 1 回以上）と③（1 か月に 1 回程度）が26.0％とやや高いが、②（2 週間に 1 回程度）や④（1 年に数回程度）の参加頻度と大きな差は見られず、グラフはほぼ横ばいである。

　しかし、魅力度項目で②「ある程度魅力を感じている」と答えた人を見ると、参加頻度が低下するのにしたがって人数が増加し、グラフの線は右下がりとなる。その傾向は③「あまり魅力を感じない」、④「全く魅力を感じない」と、JA 女性組織に魅力を感じなくなるに従って強まる。つまり「魅力度」が下がると、参加頻度が低下するという傾向がはっきりと現れるのである。

　この結果は、「活動を魅力的だと感じなければ、活動に参加する人は限られる」という、当たり前ではあるが重要なことを示している。つまり、なんとか加入のお願いをして部員になってもらっても、活動を魅力的だと感じない人は「名ばかり部員」になる可能性を秘めている。そう

※2　JC 総研（現・日本協同組合連携機構）2017年11月実施
　　　配布数1,869件、回答数728件、回答率39.0％

図1　JA女性組織活動の魅力度と参加頻度の関係

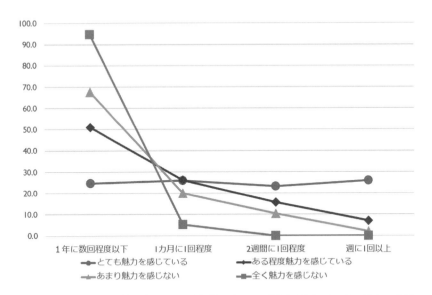

注：縦軸「魅力度項目①〜④」の回答者数に占める「参加頻度項目①〜④」の割合
（アンケート結果をもとに筆者作成）

ならないために必要なのは、活動そのものの質を上げて、部員たちの活動への満足度を高める工夫を施すことである。

そこで、次項では、活動の組み立てにおいて、部員一人ひとりが主人公になる仕掛けを積み重ねることで、部員のJA女性組織活動への参加意識が高まり、それによりJA女性組織が、地域全体を包括した社会志向の活動へと展開している、JA高知県女性部大篠支部の取組みを紹介したい。

3．「自分ごと」になる工夫の積み重ねで社会志向の活動へ展開
～JA高知県女性部大篠支部「大篠子ども食堂」

JA高知県は2019年1月に県内12JAの広域合併により誕生した。JA高知県女性部大篠支部（以降、同女性部）が所属していたのは、旧JA南国市である。

旧JA南国市は、直売所「かざぐるま市」をJA女性部が自主運営す

第3章　JA女性組織を再考する

るなど、もともとJA女性部活動が活発なJAであり、そうした地域風土のなかで、100人近くのメンバーを擁する同女性部でも、これまで数多くの活動が展開されてきた。なかでも、同女性部の代名詞ともいえる活動が「大篠子ども食堂」の取組みである。

　大篠子ども食堂は、旧JA南国市時代の2018年5月に、同女性部の自主的な活動としてスタートした。毎月第2土曜日に、JA支所2階の調理室兼会議室を会場に開催され、1回の参加者は200人前後と、子ども食堂の先進県である高知県において、一番規模の大きな子ども食堂に育っている。

　大篠子ども食堂の特徴は、毎回14～16品目もの同女性部員の手作り料理を、バイキングスタイルの食べ放題で提供している点と、子どもに限らず、地域住民ならだれでも参加できるという点である。

　コロナ禍を受け、現在はバイキングではなく「弁当」に提供方法を変更しているが、地域の子どもたちや住民にとっての「キーステーション」として定着していることには変わりない。

　筆者が注目しているのは、この活動の開始から現在に至るまでの展開プロセスである。そこには、1項で示した「部員が魅力的だと思える活動づくり」の回答へのヒントが散りばめられている。そこで、主に活動づくりの工夫に焦点をしぼって発展経過を見てみたい。

(1)　班横断の「二四六九女士会」の発足（2013年～）

　同女性部ではもともと集落（班）ごとの活動が活発に行われていた。しかし、活動が活発な班とそうでない班の差があることや、班長と近い間柄の部員のみが、班長から誘われて活動に参加するケースがあるなど、活動の範囲と参加メンバーの偏りという課題を内包していた。

　そうした状況に気づいた当時の部長や副部長（現部長）が、班に関係なく部員であればだれでも参加できる班横断の目的別活動グループの立ち上げを提案した。それが「お・楽・し・み　二四六九女士会（以降、女士会）」である。

　女士会は、参加者みんなでランチを準備し、食事を楽しんだ後に、手

31

芸や読書会を行う、というもので、情報交換や仲間づくりを主な目的としている。完全な手上げ方式で、全部員93人（当時）のうち、半数を超える50人が加入した。

女士会の大きな特徴が「だれもがなんらかの役割を持つ」ことを徹底している点である。高齢のメンバーも多いが、調理はできなくとも、箸やランチョンマットを並べる、資料を配布する、片づけを手伝うなど、必ず何かを担当することにしている。何をしたらいいかわからず、ぽつんとしている部員がいたら、役員が中心となって「〇〇さん、これを一緒にやろうよ」と積極的に声がけをしている。

なぜこうした仕組みを取り入れたかについて、現部長の窪田理佳さんは「お客さまになってしまったら自分の活動にはなりません。どんな小さなことでもいいから自分の役割があれば、次回も来たいという気持ちになります」と話す。

女士会の立ち上げにより、これまで活動から遠ざかっていた部員たちに新たな居場所ができた。そして全員が役割を持つ仕組みは、JA女性部活動が、部員一人ひとりにとっての「自分ごと」になるきっかけになった。

(2) 「大篠子ども食堂」へのチャレンジ（2018年〜）

女士会の発足から5年が経過し、活動が定着したころ、民生委員を務める部員から「近くの小学校で、夏休み明けに痩せて登校してくる子どもがいる」という情報がもたらされた。この状況を、地域全体の課題として女性部員で共有するなかから「女性部の活動として子ども食堂に取り組んではどうか」というアイデアが持ち上がった。

子ども食堂という方向性が導き出された背景には、高知県が「子どもの居場所づくり推進事業」として、子ども食堂への積極的な支援を行っていたことがあげられる。しかし、そうした外的要因を凌駕して女性たちの背中を押したのは、女士会の活動を積み重ねるなかで芽生えた「自分たちが楽しむための活動で得た料理のスキルや、みんなで1つのことをやり遂げる組織風土を、地域に役立てたい」という思いや、全員が役

割を持つことの徹底で強まった「JA女性部活動は自分の活動だ」という意識だった。

子ども食堂への参加者募集にあたっては、同女性部役員の意向で、部員全員に対して、参加の可否を尋ねるアンケートを実施した。一部の人だけで活動を進めるのではなく、全員の希望を丁寧に聞き取るという思いやりも、部員が活動を「自分ごと」としてとらえる動機になり、その成果はアンケート結果に表れた。

アンケートは、①「子ども食堂の現場で手伝いたい」、②「食材の提供ができる」、③「参加しない」の３択とした。①を選んだ部員は20人を超え、②を選択した部員も予想以上に多かった。さらに、③を選択していても、「高齢で農業もしていないので食材の提供はできないが、子ども食堂の当日には、必ず現場に行き会場を盛り上げるよ」といった好意的な回答が目立った。この結果を、同女性部役員は驚きと喜びをもって受け止めたという。

2018年５月に、JAのほか、組合員や地元のスーパーなどからも食材提供等の協力を得ながら、「大篠子ども食堂」はスタートした。参加費は、小学生以下は無料、中高生は100円、大人でもたったの300円である。2020年３月までに開催された「大篠子ども食堂」は合計23回、のべ利用者数は、小学生以下が2,232人、中高生が100人、大人が1,398人の合計3,730人に上り、開始から２年で、高知県で一番大きな子ども食堂にまで成長した。

(3) コロナ禍の対応　〜部員のモチベーションを保つ工夫

月１度の開催ごとに参加者数を伸ばし、地域に定着した大篠子ども食堂であったが、コロナ禍の影響を受け、2020年３月を最後に中断を余儀なくされた。しかし、地域から再開への要望が強く、また同女性部員からも「やりたい」という意見が多く寄せられたことから、2020年６月からは、バイキングから弁当のテイクアウトへと提供方法を変更して活動を再開した。しかし提供方法の変更により思わぬことが起きた。部員のモチベーションの低下である。

子ども食堂の会場となっていた、JA支所の調理室兼会議室は、調理場とバイキング会場が一体化していたため、子どもたちや地域住民が喜ぶ姿を間近で見ることができた。そして彼らから寄せられる「おいしいよ！」「ありがとう！」という言葉が、女性たちのモチベーションを支えていた。

　しかし、弁当の配付に切り替わり、利用者たちの反応を体感する機会が激減したことで、弁当づくりが「作業化」し、部員のやりがいが大きく低下することになったのである。

　そうした部員たちの変化を受け、みんなで善後策を話し合うこととした。その結果、バイキング以上に手間のかかる弁当箱詰め作業を軽減するため、当初は1回につき250食としていた弁当の数を、200食まで減らすことにした。また料金も、高校生以下は無料、大人は100円だったが、大人のみ200円に引き上げた。なるべく多くの人たちに喜んでもらいたい、という思いを持ちつつも、コロナが収束するまでの間、活動を継続させることに重きを置いた結果の変更である。さらに、子どもたちや地域住民からの感謝の言葉や弁当への感想などは、できる限りみんなで共有するよう心がけた。

　このような工夫で、活動に対する部員のモチベーションは再び高まりをみせた。こうした自己修正力を発揮したこともまた、この取組みの優れた点だといえる。

　2020年6月から2023年3月までの、弁当ののべ利用者数は、高校生以下3,171人、大人3,489人の、合計6,660人に上っている[※3]。

4．JA高知県女性部大篠支部の取組みから見えること

　同女性部活動の展開プロセスと、それぞれの過程における活動づくりの工夫などを次頁表1にまとめた。

　同女性部活動の展開プロセスから浮かび上がるのは、活動の組み立てにおいて、部員にとっての「自分ごと」になる工夫の積み重ねから、部

※3　弁当づくりに慣れたことから、2023年4月からは弁当の数を220食に増やして提供をはじめている。

第3章　JA女性組織を再考する

表1　JA高知県女性部大篠支部の活動の展開プロセスと工夫

---

① 班活動が活発な班とそうでない班の混在による課題を是正

・班横断の「二四六九女士会」を発足、だれもが参加できる場を作る

・すべてのメンバーがなんらかの役割を持つ仕組みの導入、徹底

＝自分の居場所、自分たちの活動だという意識の高まり

＝二四六九女士会で培ったスキルや組織風土を地域に生かしたい

② 「大篠子ども食堂」への取組み

・全員にアンケートをとり、活動への参加を促す

＝多くの部員が「なんらかの関わり」を希望

③ コロナ禍における部員のモチベーション低下への対応

・弁当数を250食から200食へ変更、大人の金額を100円から200円に
　変更し部員の負担を軽減

・利用者からの感謝や感想をできる限り共有

＝コロナが収束するまで活動を継続させる工夫、自己修正力の発揮

(同女性部へのヒアリングにより筆者作成)

員のなかに「活動に積極的に関わりたい」という思いが発生し、その結果、活動が次のステップへと歩みを進めていることである。

　活動の充実の好影響は、部員数にも現れている。先にも述べたように、現在、全国各地のJA女性組織では、コロナによる活動停止を理由とした大幅な部員減少が続いている。しかし、同女性部においては、高齢化による自然減少はあるものの、それ以外の脱退はほぼ起きておらず、むしろ毎年数名ずつ新たなメンバーが加入するなど、JA女性部の新陳代謝が進んでいる[4]。

　それは、多くの部員がJA女性部活動を「自分の活動」ととらえていることや、同女性部がコロナ禍において自己修正力を発揮し、部員のモチベーション低下を抑えた結果だといえる。

---

[4]　2023年4月現在の同女性部の部員数は81人である。高齢による退部はあるが、コロナを理由とした大幅な脱退は見られず、子ども食堂などへの参加を目的に、毎年数名ずつの新たなメンバーが加わって現在に至っている。

5．おわりに　～新たな一歩を踏み出そう

　同女性部の活動が、子どもたちへの安全な食の提供にとどまらず、JA や地域に大きな影響を及ぼしていることも特筆すべき点だ。大篠子ども食堂の利用者の多くは、普段 JA とはなじみのない非農家の地域住民である。しかし大篠子ども食堂が縁で「JA を身近に感じるようになった」と答える利用者が多い。

　また、大篠子ども食堂に食材を提供することを楽しみにしている地域の農家もおり、ある組合員は、未来ある子どもたちのために、なるべく農薬を使わないで野菜を育てている。他地域の農家からの食材提供もあり、「大篠地区には子ども食堂があってうらやましい」といわれるそうだ。

　さらに同女性部は、近隣の小学校からの要請で、かつて学校給食で人気メニューだったコロッケの復活に、小学生やその保護者たちと共に取り組み、小学校のお祭りで販売するなど、食農教育を牽引している。同女性部と、そして同女性部が自主運営する大篠子ども食堂が、JA と地域と農業を結ぶ橋渡しになっていることは間違いない。

　一方、同女性部の活動が広く認知されたことで、JA 内部においても「女性活躍を推進しよう」という機運が高まった。同女性部の窪田部長が、JA 高知県大篠地区運営委員会の副委員長に任命されるなど、当地区における女性進出の基盤も築かれている。

　1つの JA 女性組織、さらにその支部単位で見れば、部員数の目減りが気になるのは当然だ。しかし、わが国全体において高齢化・少子化が進むなか、数に心をくだくよりも、今いるメンバーの一人ひとりが生き生きと輝けるような活動の組み立てに思いを馳せることがまずは必要だ。

　全国には42万人の仲間が集っている。地域や JA を超えた横のつながりを強化して力を合わせれば、今までにはなかった新鮮なアイデアが実現していくのではなかろうか。コロナ禍で新たな活動の組み立てを迫られる今だからこそ、JA 女性組織のあり方を前向きに再考すべきだと考える。

（2023年6月号掲載）

第4章

里山農業を、心うごく世界に
—女性農家が変わる瞬間—

women farmers japan 株式会社 代表取締役　佐藤　可奈子

1. 重たい言葉ではあるけれど

　「私たちは、農業事業を通じて、農村女性の権利と尊厳に向き合っている」。そう言うと、とても重たく聞こえるかもしれません。

　また、過度な社会運動のように「社会のほうが変われ」と声をあげているわけでもありません。私たちのベースは「まずは自分たちが変わろう」という意思です。

　はじめまして。世界有数の豪雪地、新潟県十日町市の中山間地域で women farmers japan 株式会社（ウーマンファーマーズジャパン、通称 wofa/ ウーファ）を経営している、佐藤可奈子と申します。

　香川県出身で、中越地震ボランティアをきっかけに出会った新潟県十日町市の集落に大学卒業後、移住・就農して12年目です。

　ウーファとは「里山農業を心うごく世界に」をコンセプトに、農業を通じて農村女性の自立支援や、農業の課題解決に努めている農業法人です。

　具体的にどういうことをしているかというと、さつまいもの自社圃場での栽培、さつまいもの生産組合の運営、食品加工所での干し芋をメインとした加工事業、そして販売をしております。

　また、加工所の一部は、食品加工にチャレンジしたい農家さんを応援するための「チャレンジ加工室」として、レンタル加工所事業も行っており、日々女性農家さんたちにご利用いただいております。

また、女性農家コミュニティの運営を通じて、経営の勉強会も開催しています。

　こう書くと、いろんなことをしているようですが、すべてのベースにあるのははじめに書かせていただいた「事業を通じて、権利と尊厳に向き合っている」ということです。また、「ウーマン」といいつつ、生産組合のメンバーの半数は男性で、がんばりたい女性たちを心から支えてくださっている大変心強いメンバーたちがいることも述べておきます。

2．女性農家さんたちの驚くべき現状

　では、ウーファにはどんな女性農家さんたちがいるのでしょうか？
　ウーファが今までサポートしてきた女性農家さんのエピソードを少しだけご紹介します。
　たとえばAさん。
　専業農家の長女として生まれ、小さなころから一人の人間ではなく、人手として農作業を手伝ってきたので、「自分は人間扱いされていると思ったことはない」と話していました。
　「自分はどうしたい」と考えられず、ほかの選択肢があることを知らない。自分は家の農業を継ぐしかないと思い、成人、結婚してからもずっと父と2人で農業を続けていました。そんな彼女の口癖は「私はお父

図1　women farmers japan 役員一同と女性スタッフ

の機械だから」でした。反発し合いながら、もがきながら、でも「やらねば」という気力で続けていたので、「本当は子どもも欲しいけど、今の状況で出産を考えられない」と話していました。

一方でBさんは、農家の旦那さんと出会うまでは会社員としてキャリアを積んでいました。結婚を機に旦那さんのご実家へ移住、家族農業の一員に加わりました。ところが、Bさんが実感したのは「今まで『私』としての経験やキャリア、自分なりの人生を積み重ねてきたのに、それがゼロになって、家政婦扱いになってしまった。家事育児と農作業の小間使いをするのが当たり前というなかでの孤独。アイデンティティがゼロになりました」とのことでした。

家族経営のなかでどんなに中心的な役割を担うようになっても、どんなにがんばっても、ご近所さんからは一人の社会人としてではなく「家の手伝いをしてて偉いねぇ」と言われる状況に苦しさを感じていました。

3．小さな心の傷から意欲を削がれていく女性たち

そのほかにも「お給料が支払われないので義父にお小遣いをもらっている。ウーファにかかわってはじめて、自分名義の通帳を持ちました」や、「意欲を持って新規就農したけど、『女にはどうせ無理だ』『女は口を出すな』といわれたり、小馬鹿にされるような態度を取られたりして、小さな傷がたくさん積み重なって意欲が削がれてきました」といった声もありました。

特に多かったのは、家族関係についてでした。

「子どものころから家族で旅行に行ったことがない」「運動会に親がきたことがない」「家族の思い出がない」

そして、アイデンティティを失ったような立場となり、農業に対する嫌悪感は募るのに、強い責任感や家族への申し訳なさから、農業以外の選択肢がない八方塞がりの状態に陥ってしまいます。

彼女たちの共通点は、度合いの差こそあれ「諦めている」点でした。自分を女性農家だとも思っていなければ、「女性活躍？　これ以上がんばれないよ！」という方も多かったです。

さて、あなたなら、どうやって彼女たちが本来の力をイキイキ発揮できるように解決しますか？

まずは、課題の蛇口を見つけてみましょう。

4．課題の蛇口はどこ？

私たちの仮説はこうでした。

家族経営農業を中心とした農業文化では、どうしても家長（男性）主体の農業にならざるを得ない。また、農業が体を使う側面が強くあるのも一因かもしれません（現在は大いに機械化されましたが）。その結果、女性にとっては直接的な収入源が手に入れられなかったり、男性のサポートとして小間使い、家政婦扱いといった立場（役割）にどうしてもなってしまう。そのため、主体的になろうとしても、様々な場面で阻まれてしまい、家族に依存せざるを得ない状況に。

上司、部下、同僚もいない環境です。これは「私が抜けたらどうなるの？」と自分の替えがきかない状況でもあり、成長のための情報が遮断されている状況でもあります。

5．私たちはこうする　～ビジネスとコミュニティの両輪を回す～

では、私たちはどうするか？

「ビジネスとコミュニティの両輪をうまく回すと、少しは世界が変わるのでは？」と仮説を立てました。

たとえば、女性たちがただ稼ぐだけでは不十分です。一方で、最近よくある女性農家コミュニティのように、ただ行政が女子たちを集めて、愚痴をいい合って終わりの女子会ばかりしていても、何も根本的な解決になりません。ならば、その両方を同時に回してみてはどうか。

そうしてまずは、2020年春、women farmers japan 株式会社の前身、女性農家コミュニティの women farmers japan を設立しました。女性たちがコミュニティの力で学び稼ぐ成長の機会を、と考えました。

当時集まった女性は12名でした。手探りでしたが、まずは自分たちの現在地の把握が重要なので、それぞれの課題を書き出すワークをしました。

40

第4章　里山農業を、心うごく世界に　―女性農家が変わる瞬間―

６．30年も課題が変わってない…？ うっすら残る生きづらさ

　出してみてびっくり！ なんと課題の範囲が多様であるか！

　実は私、ウーファでこのワークをやる数年前に、若手農業者グループの運営をしたときに同じようなワークをしました。そのときに出てきた課題は、自身の農業の経営や栽培に関する悩みしか出てきませんでした。

　ところが女性はどうでしょう。もちろん経営や栽培の悩みも出るのですが、そのほかに家庭（家事育児介護）との両立、時間のやりくり、お金の悩み、地域での扱いでの悩み、自分らしい暮らしやアイデンティティに関する悩みに、セクハラ、パワハラ、マウント…。

　そこからは、うっすら残る、女性の生きづらさが映し出されているようでした。

　共同代表の福嶋はこのワークをして「私が若いときから30年間、悩みが変わってない」と話していました。世代を超えて、ずっと同じ課題は残っているのです。

７．羅針盤がない！ まずは自分でどうにかできることから

　一番はじめにメンバーたちとこのワークをして、本当によかったと思いました。よくある「女性農家のための研修会をしましょう」のパターンとしては、急に農業簿記や商品開発、販売に関する勉強会からはじまってしまうのですから。

　このワークでわかったことは１つ。

　私たち女性農家は、課題や悩みはいっぱいだし、やることもいっぱいだし、そのせいでいつもイライラして、時間もなくて、だから目の前のことしかできなくて、結局現状が変わらない！

　それって、私たちに「羅針盤がないからだよね？」ということです。

　私たちは家庭状況や相手の思考、平日にバンバン入る学校行事や出席できない夜の会議など、自分ではどうにもならないものではなく、自分でどうにかできるものを勉強会で取り扱うことにしました。

　そうです。私たちに必要なことは、経営とか活躍とか小手先の技術では

41

なく、まずはスタート地点に立つための内面の問題を取り扱うことでした。ゴールは、自分の人生の航海図を作ること、羅針盤を持つことです。

８．私は、何者として、何をなす？

起業家さんやコーチングのプロの方、リーダーシップ研修の専門家の方々の力をお借りしながらいろんなワークをしましたが、なかでも一番効いたワークは、「思い込みを手放し、自分を再定義すること」でした。

このワークでは、時間をかけて「自分らしく生きられないようにしている『無意識の思い込み』」を見つけました。

たとえば「農家は苦労しなきゃいけない」「家族なら、女なら○○すべきだ」「言ってもどうせ理解されない」「休むには理由が必要だ」「私は無能だ」などなど。

知らず知らず自分の行動の起点となっている無意識の思い込みに気づき、自分を許し、思い込みを手放したうえで「自分は何者として何をやるのか」を明確にして、自分を主語に取り戻していきました。

女性農家は長年の暮らしのなかで、主語が自分ではなく家族だったり子どもになってしまっている方も多々いました。だからこそ、「私は何者として何をやるのか？」「なぜこの事業を私がやる必要があるのか？」「私にとっての幸せとは何か？」「自分の本質的な好きって何か？ 強みって何か？」

実はこういった本質的な問いを日々ちゃんと持ってる方はそうそういません。

それらをちゃんと丁寧に言葉にすると、それだけでも日々のイカリとなって「意志」が生まれ「選択」ができるようになり、八方塞がりだったり諦めていた状況が少しずつ変化していきます。

９．価値観と行動が一致して、輝きはじめる女性たち

そうして、女子たちの目の輝きがまったく変わっていきました。女子たちが変化していくと、周りも変化していきました。

たとえば、冒頭に紹介したＡさんは「自分はお父の機械ではなく、人間だ」と自分を認識してから、自発的に父と対話をするようになり、

行動も顔つきもみんなが驚くほど変わっていきました。

　なかには、彼女たちの変化を見て、その夫たちが「俺もその研修を受けたい！」といった声もいただきました（笑）。素晴らしいことですね。

　私は確信しました。「今まで女性農家向けに行われてきた研修会やセミナーに上滑り感を感じていたのはこれだ！」と。

　人生や暮らしと密接な女性の農業では、走り出すためのマインドセットとしての人生や暮らし、他者とどう向き合い、何者として何をなすのかといった、内面を取り扱っていませんでした。その子自身の価値観と行動が一致してくると、その子はどんどん力を発揮していきます。

10．ウーファを法人化し、ビジネスへ本格参入！

　そして2022年、コミュニティ運営をしていたメンバーを母体に、women farmers japan を法人化しました。

　法人化までの経緯は、また話すと長くなるので、詳しくは私自身のSNS を見ていただければと思うのですが、私自身は就農してからずっと師匠と共に、さつまいもを栽培していました。2013年から、委託加工で干し芋の生産、販売を行いました。

　ところが販売量がどんどん増え、これ以上委託加工ができなくなります。そこで地域待望の食品加工所建設に踏み切り、地域説明会を重ね、国の補助金申請も通り…。そして、いよいよ着工直前というところで建設を中止にしました。

　農業と子育て、地域の両立にキャパオーバーとなり、住民トラブルが発生し、計画は失敗となりました。当時は様々な心ない言葉を投げられ、心も体も壊し、農業を辞めようと本気で思いました。農業と地域に絶望しました。そのときに声をかけてくださった先輩農家さんが、現在の共同代表である福嶋恭子さんと娘の佐藤友美さんでした。

　彼女たちは、「空き家を活用したレンタル加工所事業をやりたい」と話してくださいました。ウーファコミュニティの運営を共にするなかで、私自身も少しずつ立ち上がれるようになりました。そして、一緒にそれぞれの事業をやるのはどうか、という話になり、ウーファを法人化しました。

11．ビジネスの仕組みが農業課題を解決してゆく

　現在、自社圃場でさつまいもを栽培しながら、8軒13人のメンバーで生産組合としてもさつまいもを栽培しています。さつまいもは全量買取り、もちろん市場の価格の倍以上で買い取っています。組合では機械の共有、勉強会の開催も実施し、ウーファメンバーも多くかかわっています（図2）。

　コンテナの容量は20キロですが、女性が扱いやすいように、17キロに設定したり、どうしても女性には体格的に厳しい作業は男性メンバーに助けてもらうなど、それぞれがそれぞれの強みを活かせるような仕組みづくりを実施しています。

　また、食品加工所「ウーファキッチン」を設立し、冬は毎日13名前後のメンバーたちが干し芋加工や、さつまいもスイーツの加工に従事しています（図3）。

　豪雪地である十日町は、11月下旬からゴールデンウィークころまでの半年間は農業ができない環境です。そのため、冬の仕事が大きな課題でした。農家の男性は、深夜の除雪や、遠方のスキー場で勤務をするなどしていましたが、家庭がある女性には厳しい働き方です。農家の女性にとっては、冬の働き口がなかなかないのが現状でした。

　それが、この加工所の建設により、ちょうど彼女たちが農業ができな

図2　生産者のみなさん

図3　ウーファキッチン

第4章　里山農業を、心うごく世界に ―女性農家が変わる瞬間―

図4　「雪の日の干し芋」お試しセット

オンラインショップ「雪国ドルチェ」
https://wofa.shop-pro.jp/

い期間、毎日加工所が稼働することで解決されました。しかも加工品は冬季加工に適している干し芋です。

　加工した干し芋は、バイヤーさんから「ただ甘いだけの芋はたくさんあるけれど、芋の味がする芋はおたくさんくらいだ」とご好評いただき、「雪の日の干し芋」として自社サイトや全国で販売中です（図4）。

　豪雪地の環境が生む農薬を使わないで育てたさつまいもを雪国ブランドとして育てているところです。

　おかげさまで毎年売り上げは倍、昨年度決算は3倍となり、会社の伸びに対して、人の成長や仕組みが追いついてないと焦り、整えているところです。

　まだ十日町市という地域のなかでの展開ですが、全国の中山間地域の生産現場に、男性も女性も、自分らしく輝いている姿が見えるように、目の前の農業が、心うごく世界となるように、一人ひとりの内面に向き合いながら、できることをしています。

12．痛みが同じであれば、めざす未来も同じだからこそ

　「ダイバーシティ」という言葉があふれるようになりました。
　農業でいうと、地域密着や、集落営農や、地域ぐるみなど、集落や地

域単位で行うことがよしという一面がありますし、今もそうかもしれません。専業農家、農業法人から、自家菜園農家や半農半Xまで、農業への多様なかかわりをしている人たちが1つになって地域農業を継続させよう、というイメージも大変理解できますし賛同しています。

　私自身の経験でいうと、まずはチームを作るときはコミュニティを地域縛りではなく、「同じ痛み縛り」でスタートすることが重要だと感じました。

　心に抱いている痛みが同じであれば、欲しい未来が一緒です。同じ未来を描き、同じビジョンのもとにいます。価値観が同じ、ということでもあるかもしれません。どんなに優秀な方がチームにいたとしても価値観が合わなければうまくいかないのは、会社も同じです。

　ウーファの場合は、痛みが同じで、かつ愚痴をいって終わりではなく、現状を変える勇気と意思を持つ子たちが集まりました。そして、そんな小さなチームが変わっていくと、周りや地域も変わっていきました。理解し合えるようになってきました。

　私自身、農業委員や農協の経営管理委員など経験してきましたが、どの場面においても「女性は1名以上入れるように」「女性を入れるように」と耳タコなほど聞かれます。ただ無思考に役職や席を作るのは、額縁に入ったダイバーシティです。

　その人が、その人らしく、そのチームや様々なコミュニティで自分らしく力を発揮できている状態が理想です。それを実現するためには、しっかり一人ひとりの内面と向き合う必要があり、そしてすべては理解できないけれども、双方の思い込みなしに受け止め合うことが必要です。

　ダイバーシティは結構高度なことだと感じています。

　まずは、自分が変わること。そうして見えてくる世界と対面し、一歩踏み出してゆくことで開ける世界はあります。ウーファの実践が少しでも皆様のお役に立てますと幸いです。

（2023年10月号掲載）

第Ⅱ部

多彩な力を活かす

第5章

農福連携の価値とＪＡの役割

東海大学文理融合学部 経営学科 教授 濱田 健司

１．はじめに

　本書は、持続可能な地域社会の実現のために、JA が2030年へ向けどのように進んでいくのか、そして地域・社会における JA の価値と役割および社会的責任について考察するものとなっている。そして「連携」「ダイバーシティ」をキーワードとしている。

　実は農福連携もこのキーワードなどを通じて、持続可能な地域社会の構築、さらには新たな地域社会の構築をめざすものである。そして農福連携を通して、JA も本来の役割を再考し、新たな未来へ踏み出すことにもつながっていくであろう。

２．農福連携における「連携」「ダイバーシティ」とは

⑴ 「連携」

　農福連携とは、農業と福祉を連携させた取組みをいう。今日広がりを見せているのは、具体的には障害者が農業生産に従事する狭義の取組みである。

　かつては社会福祉法人などが、自給農産物の生産のため、一部は障害者の賃金（工賃※1を含む）確保を実現するため、そして農家や農業法人

※1　工賃とは、障害福祉サービス事業などを利用する障害者等が事業所より就労したことにかかる対価として得た月額賃金をいう。

は農業が3K（キツイ、汚い、危険）などの仕事といわれ、後継者不足・高齢化が進むなか、一部が障害者の居場所や就労の場を提供し、障害者を雇用してきた。だがこれらの取組みは、小さな点として散見されるものであった。

今から20年ほど前、著者が農福連携に関する取組みの普及および調査研究をはじめたころ、「障害者に農業は難しい」という声がほとんどであった。農業と福祉を連携させることはきわめて困難というのが、農業サイド、福祉サイドさらには研究者、行政担当者の意識であった。

しかし、その後も農業サイドにおける後継者不足・高齢化は深刻化していった。国は新規就農の促進を図り、外国人技能実習制度の導入、農地の合理化、機械化、IT技術の導入、海外輸出、6次産業化などを進めたが、それでも後継者不足と高齢化には歯止めがかかってない。

福祉サイドでは、障害者数は今日も増加傾向にあり、社会保障費が増大している。そうしたなかで、障害者や高齢者や生活保護受給者や生活困窮者などの自立、共生社会の実現などが国より掲げられている。障害者においても就労支援の促進に取り組むことが期待され、障害者雇用の促進、障害者の賃金引き上げが課題となっている。

こうした情勢のなかで、著者は農業と福祉を連携させる農福連携という取組みを広げていくことを試みた。国や都道府県段階でいえば、農林水産省と厚生労働省、農政担当と障害福祉担当の連携である。現場でいえば、農家・農業法人と障害福祉サービス事業所の連携である。

これまで農福連携以外の様々な分野においても「連携」による言葉や情報だけの共有・交換などはあったが、実質的な連携を図ることは難しかった。そこで、農福連携では研究者（著者）が普及モデルを発掘し、それを位置づけた。さらにはその意義や方向性を示すことで、歴史や体系的なものとしていった。また農業と福祉の未来を示す先進事例を提示すること、現場が取り組むための具体的な課題を整理し、かつ必要な支援を示した。

しかし、それだけでは実働しないことから、担当者や現場の人々を結び付け、さらには体感できる機会を設けた。こうした農業と福祉を結び付ける具体的な行動をすることで、連携を図り、国、都道府県、現場で

の「横」の連携、さらにはこれらの「縦」の連携も意識的に図ることで、農業と福祉の連携はカタチとなっていった。

(2) 「ダイバーシティ」

　ダイバーシティとは多様性を意味するが、かつては福祉の世界を中心に「ユニバーサルデザイン」という言葉が用いられた。

　ユニバーサルデザインというのは「universal + design（設計する）」であり、「uni」はラテン語の「1つ」の意味から生まれたもので、普遍的、一般的、世界、宇宙などを意味し、1990年代ころ特に福祉の世界では障害の有無に関係ない社会構築をめざすものとして普及した。

　それに対してダイバーシティというのは、「diverse（多種多様である）+ ity（という性質）」をつなげた言葉である。元々対立・矛盾・不一致などの意味と相違・様々な形などの意味があったが、後者の意味として広く用いられるようになった。

　ユニバーサルデザインではだれもが生きることができる普遍的な社会を創ること、ダイバーシティは多様な人々が共に生きる社会を創ることを意味するといえる。

　ダイバーシティのほうがより個性や多様性という概念を重視している。つまり、一人ひとりの人間の個性や意志などを尊重した社会をつくることをめざしているといえるだろう。

　まさにこれは農福連携によって障害者がそれを具体的に示している。ユニバーサルデザインやダイバーシティという言葉は、まだまだ企業サイドでは社会貢献や単なる障害者法定雇用率の達成、福祉サイドでは障害者等の権利保護などの取組みとしての意識が強いが、農福連携では実際に障害者が地域の農業を支え、日本の食料自給を支えている。そして障害者が農業を通じて、働くことによる対価を得ている。また障害者の特性を活かし、能力を発揮できるよう工夫し、健常者と共に地域の職場で働いている。まさに障害を有する様々な人々が社会参画を果たしているのである。

　これは、当初より農福連携としてめざしてきたものである。したがっ

て、農福連携においては単に農業が障害者のために社会貢献をする、あるいは障害者法定雇用率の達成をめざすものではない。障害者が職場、地域、社会のなかで多様な労働力や担い手の1つとして役割を果たすことをめざしたものだ。

そして、狭義の農福連携の次のステップとなる、広義の農福連携がめざすものは、障害者だけの社会参画を実現することではない。障害者のほかに、いわゆる社会的弱者や社会的に不利な立場にある人々を含む、すべての人々が共に生きる社会参画、そして社会構築をめざすものだ。

農福連携はニート、ひきこもり、生活困窮者、生活保護受給者、ホームレス、シングルマザー、難病を患う人々、高齢者、移民、難民などへの「福」の広がりが期待される。2019年6月には農福連携を全国へ広げ国全体の運動とするべく、内閣府において農福連携等推進会議が設置され「農福連携等推進ビジョン」が掲げられた。このなかでも「福」の広がりとして高齢者、生活困窮者、刑余者などの農福連携にも取り組む[2]としている。これらの人々は福祉サービスなどの必要な支援を受けつつも、地域や社会のため貢献する、共に地域や社会をつくる人々であることから「キョードー者[3]」という。

つまり「社会的弱者」「社会的に不利な立場にある人々」は、共に農業や地域を支え社会を創る人々であるからキョードー者となる。

そして農福連携におけるダイバーシティは、キョードー者の個性や意志を尊重するだけでなく、キョードー者も役割を持ち共に社会を創る存在として位置付ける。つまり、農福連携はダイバーシティやユニバーサルデザインの概念をより具現化したものといえ、ダイバーシティの社会におけるカタチ、手法などのモデルを示しているといえる。

3.「農福連携」が広がるなかでの新しい課題

農福連携を広め、発展させていくためには様々な課題がある。ここではそれらすべてについて言及することは本稿の趣旨ではないため、また

※2　農福連携等推進会議「農福連携等推進ビジョン」（2019年6月）
※3　濱田健司『農の福祉力で地域が輝く』創森社（2016年11月）pp126-128

文字数に限界があるため差し控えるが、急速に広がるなかで、農福連携の意義を完全に逸脱する、言い換えると農福連携とはいえない取組みが出てきている。

1つは、障害者が単に農作業をしていれば、それを「農福連携」として PR する企業サイドや福祉サイドなどが出てきていることである。

農福連携では障害者が農業生産に従事することで、障害者は新たな働く場を開拓し、収入を得る。農業者は新たな労働力や担い手を確保する。それは障害者が地域の社会の一員として加わり、農地を管理し、食料を生産する。つまり耕作放棄地の予防や再生、食料自給の向上に貢献する。

これは、単に社会が障害者に光を灯すのではなく、障害者が社会に光を灯すのであり、したがって農業者も障害者も地域も日本社会も HAP-PY － HAPPY になるのが農福連携なのである。

「農福連携」と呼びながらも、一部の企業は障害者を雇用し、きわめて小面積の農地や場所で露地栽培や水耕栽培などを行い、しかしそこでの農産物の生産量・生産額は障害者雇用にかかる賃金より圧倒的に少額であったり、生産した農産物はまったく市場へ出荷することがなかったり、場合によっては農作物を廃棄したり、農地を雑種地などに変更し、そこで農作業を行う事例もある。

したがって、これは実際に障害者がその能力に応じた仕事内容や仕事量ではない。耕作放棄地を予防・再生するものでもない。食料自給にも貢献しているとはいえない。だがそれにもかかわらず、障害者は最低賃金以上の賃金を受け取ることができる。場合によっては大手企業の従業員になる。この結果は、障害者が社会や地域の一員になることもなく、心身の機能を低下させることにつながる可能性が高い。

しかし、企業は障害者法定雇用率を達成し、「『社会貢献』や『ダイバーシティ』や『ユニバーサル』や『SDGs』を実現した」ということができる。そして障害者の保護者のなかには、親族の障害を有する子ども等が一般企業で雇用される、最低賃金以上の賃金を得るというメリット感じている。

さらに、こうした「ニーズ」を持つ企業と保護者へのメリットを掲げ、障害者が農作業を行うためのビニールハウスを整備・提供し、そして「農

第5章　農副連携の価値とJAの役割

園型障害者雇用」などと称し、障害者の労務管理や農作業管理などにかかる「雇用サービス」を提供し、こうした「ニーズ」を有する企業から対価を得て収益を上げる企業が出てきている。だが、この取組み自体は違法ではない。また健常者も窓際族などとして扱われる人々もいることから、そのように位置づけているとも考えられる。

　つまり、ここには雇用契約を結び、賃金を支払い、働く場があるのである。場合によっては、前述の通り障害者家族そして当事者も喜んでいるケースもあると考えられる。この取組みは大手のテレビ局が推奨し、一部の地方自治体も積極的に推奨したことから、一定の広がりを見せている。

　しかし、この取組みは、①食料自給に貢献しない、②農地管理にほとんど結びつかない、場合によっては農地を減少させる、③地域農業には貢献しない、④障害者の就労意欲を低下させる、⑤さらには、心身の機能をも低下させている、可能性がある。

　実は、2010年代に障害福祉サービス事業の就労継続支援Ａ型事業所（以下、Ａ型事業所）においてきわめて似た問題が発生している。Ａ型事業所は、厚生労働省の障害福祉サービス事業の1つで、障害者が必要な支援を受けながら働き、雇用契約を結び、最低賃金以上を受けることができるところである。だが一部のＡ型事業所では行政からの給付を受け取り、障害者には1日1～3時間程度の短時間、パソコンなどに触れてもらい、その給付のなかから障害者へほとんどの賃金を支払っていた。通常は、障害者が仕事をすることによって得た売り上げから必要経費を除いた収益を賃金として障害者へ支払わなければならない。

　これは福祉業界において「悪しきＡ型事業所」といわれ、厚生労働省もこれを問題視し、その改善を図った。ここでは④と⑤、そして短時間労働による低給与という問題が発生した。

　農福連携は、ア）農業サイド、イ）福祉サイド、ウ）地域、エ）社会のすべてがHAPPY－HAPPYになる取組みである。それに対してこれらの「農福連携」は、1）企業の障害者法定雇用率の達成、2）企業の「社会貢献」「ダイバーシティ」「ユニバーサルデザイン」「SDGs」を達成する、3）障害者が企業で雇用されるなどといったきわめて限定さ

第Ⅱ部　多彩な力を活かす

53

れたものである。

　したがって、これらの取組みは真の農福連携のめざすもの、実現するものとは大きく乖離しているといえる。

　ただし、今後、前述のとおり広義の農福連携では「福」の広がりとともに、目的も狭義の農福連携の障害者の農業による就労訓練・就労に加え、リハビリテーションやレクリエーションや社会参加などをめざす農的活動[※4]に広がることが期待される。

4．協同組合としての農福連携

　協同組合の基本理念は「万人は一人のため、一人は万人のため」である。農福連携の理念から見ていくと、ここでいう万人そして一人とは、キョードー者を含むすべての人々といえる。そして「ため」にというのは、社会に対して役割を持つということやキョードー者を保護すること・支援することができるものといえる。

　だが、今までは障害者についての「ため」というには保護・支援することが中心であったと考えられる。しかし農福連携では、役割を果たすことに一層の重点をおいている。つまり、障害者は福祉サービスを受けながらも、役割を果たすのである。

　西欧やキリスト教に見られる博愛は、「愛を渡す者」と「愛を受け取る者」に分かれる。だが、農福連携では「愛を渡す者」も「愛を受け取る者」となり、「愛を受け取る者」も「愛を渡す者」となる。したがって、農福連携は二元論ではなく、一元論となる。ただし、西欧でもイタリアにはじまる社会的協同組合の発想は、一元論に近い。これは障害者も出資者、経営者、労働者にもなり、議決権を持つことができるものだ。

5．農福連携における JA の役割

　農業と福祉を連携させたものが農福連携であるが、福祉はまさに「万人は一人のため、一人は万人のため」であることから、つまり農業と協

※4　濱田健司「高齢者の農福連携に関する取組み実態および類型化」『共済総合研究』（2020年9月）第81号 ,pp53-54

同組合の連携、これはある側面では、農業協同組合というのは農福連携そのものといえる。

本来、協同組合は健常者だけの集まりではなく、キョードー者も含めたものでなければならい。したがって、キョードー者が参画するのが協同組合であり、その中心の事業が農業であるからこそ農業協同組合なのである。

JAも近年広がる農福連携から多くのことを学ぶことができる。実は農福連携の価値は、①単に障害者に対して就労訓練・就労の機会や賃金向上の機会をもたらし、②農業者に対しては新たな労働力や担い手を確保する機会を提供する、③そして日本の農業・食料自給を守る、支えるということだけでとどまらない。本来の協同組合とは農業協同組合とは何か、何を目的とするのかを省みる機会を示している。それは農業そして地域・社会にかかわる万人の人々が必要とするモノ・サービス・コトなどを万人の人々と共に新たな構築・再構築していくことだ。これは農業協同組合に対する農福連携の有する大きな価値の1つといえよう。

一方で、JAは農福連携とのかかわりにおいて次のことが期待される。

ア）JAが障害者雇用を実現する、イ）障害者も参画できるJA組織とする、ウ）農福連携を支援する、エ）農福連携に協力する、オ）農福連携を実践するということなどがあげられる。

JAは単に障害者法定雇用率の未達成に対する行政の障害者雇用納付金を支払うのではなく、適切に障害者雇用を行うこと、そして女性だけでなく障害者や障害福祉サービス事業所などの様々なキョードー者なども参画できるようにすること、農福連携にすでに取り組んでいる農業関係者・福祉関係者の取組みを情報・資金・場所・ノウハウ・ネットワークづくり等で支援を行うこと、あるいは共に実践し協力すること、さらにはJA自らが農福連携に取り組む主体となることが求められる。

農福連携を広げ、発展させるために、今後の協同組合そして農業協同組合の取組みに期待したい。さらに協同組合および農業協同組合が21世紀以後の役割に目覚めることを期待するものである。

（2023年9月号掲載）

第6章

ＪＡぎふ はっぴぃまるけの取組み
―地域共生社会の実現をめざして―

株式会社ＪＡぎふ はっぴぃまるけ 統括部長 髙橋 玲司

１．共生社会

「おはようございます」

　はっぴぃまるけの社員が、JA ぎふ職員のなかを行き交う。ここは JA ぎふ本店、はっぴぃまるけの本部事務所がある。同じフロアには JA ぎふ会長、組合長、役員などが集まる。まさに共生社会を実現している姿である。車いすの子、知的・精神障がいを抱える子、はっぴぃまるけでは19名の障がいを持った子が集う。19人19色の個性がある。

２．特例子会社[※]設立まで

　㈱ JA ぎふはっぴぃまるけが設立したのは2020年7月であるが、構想は2017年にさかのぼる。当初は役員から、「コンサルタントを頼って設立してはどうか」と助言をいただいた。当時私は、JA の自己改革を担う改革推進室の室長で、新規事業の起案をあれこれ考えていた部署である。コンサルにゆだねるのは簡単であるが、泥臭い汗がかけないと感じた。汗とは、設立に至る経緯、苦労、会社への魂であろうか。JA の子会社である以上完全に隔離されたところに人知れず作られた会社ではなく、一緒に働けないかとそんな思いを抱いていた。

※　一定の条件を満たすことで、親会社と障がい者の雇用合算ができる子会社。当社は全国の単位 JA では初。

当時はある一定の道筋をつけ、役員には「これ以上は専門部署を立ち上げてちゃんと考えていかないと無理です」と締めくくったはずであったが、2年後、鈴木監事室長から、「再度特例子会社の設立に向けてプロジェクトを組むので話を聞かせてほしい」といわれ、プロジェクトに参加した。必然的に役員より「中心となって進めてくれないか」と提案され、JAで雇用していた障がい者がJA本体から離れることに対して不安を感じていた。

障がい者雇用、福祉に目を向けた組織体質は今後ますます需要が広がる。金融、共済、営農に比べて利益は別として、必要とされる項目になってくる。自身の思いを解消すべく、①私の出向人事が前提となる設立であること、②改革推進室で培った新規事業の起案や企画したことをぶつけたいので、たまたま従業員が障がい者であるが、いろいろな事業ができる会社であること、③コンサルを受けずに汗をかいて設立すること、以上の3つを役員に提案して引き受けることとした。現在役員が記憶しているかは定かでないが、自分自身、役員に言い切って会社を興すことになり、気持ちよく向き合えた。

しかし、過去のプロジェクトで上っ面の情報を探っただけで、辞令が出たのが2020年4月、そして7月には会社を設立することとなり、あわただしく時は過ぎた。

まず考えたことは、経営理念である。過去の取組みを振り返り、こう感じた。

「『障害者』『障碍者』『障がい者』と表記があるが、近年の常識は「障がい者」であり、害ではないのである。つまり、障がいは個性であり特性であり、その子をその子たらしめる特徴である。たとえば歌が好き、走るのが得意、怒りっぽい、そんな人間の個性がずば抜けて出ているだけで、害ではないのである。障がい者が当たり前に働ける世界をめざし、会社をめざす」

「地域共生社会の実現に貢献する」そんなコトバが出た瞬間であった。

10万人を超える組合員を持つJAぎふには、様々な問題がある。たとえば農家の組合員の労働力不足である。収穫時期は一気に収穫をするの

でその時に労務が集中してしまう。当社の労働力に求められることはきっとある。たとえば障がいを持つ組合員はどうだろう。組合員のためのJAであるならば、雇用も生まれるのは理想的である。そんな思いも込められた。

そして、2020年7月1日に子会社として設立され、同12月22日に特例子会社として認定された。単位農協としては初となる特例子会社となった。なお、JAの子会社であるので、農業経営を行うために総代会の特別議決を経て設立された。

当初の構成は、JAぎふで雇用されていた障がい者11名と、農業部門で新規雇用5名、障がい者16名、スタッフは障がい福祉の専門家として就労移行支援B型事業所経営者で作業療法士の服部努氏を農業部門および障がい者の管理として雇用し、総務課を定年退職した女性（ジョブコーチ）と、そしてJAから出向した私の3名である。

3．業務内容

主な業務は、(1)JAぎふ委託事業、(2)味噌製造販売事業、(3)農業である。

(1) JAぎふ委託事業

JAぎふ本店社屋清掃、印刷業務（支店や事業所のコピー機で印刷を自粛し、極力本店の大型印刷機に集約し、印刷にかかるコスト削減と雇用の創出）、本店内の軽微な事務補助、JA直売所バックヤードでの袋詰め作業、支店での営農経済事務であり、元々JAぎふとして雇用した知的・精神の社員を転籍した形である。

(2) 味噌製造販売事業

JAぎふ女性部の一部のグループが行っていた味噌製造販売事業が、高齢化で継続が困難になっており、事業承継する形で受け継いだ。この事業が、実に障がい者向けであり、1つひとつの作業が単調で程よい時間で繰り返され、80キロのみそ樽を平気で持ち上げる力持ちもいてピッタリ合った作業である。この味噌は直売所で完売状態が続くヒット作で

あり、女性部秘伝のレシピをしっかり引き継ぎ、収益事業となった。また、農林水産省が支援する「ノウフク・アワード」を岐阜県ではじめて受賞することになり、県知事も視察され注視されることとなり、加工所も新設する運びとなった（図1）。

(3) 農業

農業にはこだわりがあり、当初農福部門と呼ぼうとしていたが、岩佐哲司社長（現JAぎふ組合長）が、「われわれは福祉的要素の高い福祉事業所ではない。農業は業であり生業とならなければならず、農福と呼ぶことに違和感を覚える」と話されたため、農業部門と呼ぶようになった。

持続可能な事業を継続してはじめて共生社会も実現されると感じ、事業運営に大きく考えさせることであった。現在7反（水稲2反、畑（露地野菜）5反）を耕作し、有機JAS、ノウフクJASをめざしている。

「はっぴぃまるけ」とは、「Happy（ハッピー：楽しい、幸せ）」と「まるけ（岐阜弁：〜だらけ、〜まみれ）／marchè（フランス語で市場）」を意味し、Win（勝ち）の裏にはLose（負け）が存在するWin-Winの関係ではなく、Happy-Happyな関係の構築をめざすということから考えられた。

図1　直売所で人気の味噌と岐阜県知事の視察（味噌作業所）

4．適所適材の人事

　このように設立した会社であるが、元々 JA ぎふで雇用されていた社員を、会社説明会で「はっぴぃまるけ」に転籍させることを選ばせてしまったことに対して、よかったのだという答えをいただきたくてやれることを考えた。そして適材適所ではなく、"適所適材の人事"を心がけるようになった。個性を最大限発揮できるように、その子の個性を見出して適所を見つけ適材で働いてもらえる工夫を考えた。

　たとえば、清掃で入った社員は清掃好きではなかったが、力仕事と屋外作業が大好きで、農業班に転勤をさせたところ、これまで月に1回は急な体調不良で休んでいたが、まったく欠勤もなくなり、炎天下でも真っ黒になりながら畑仕事をこなすようになった。

　さらに、安定した雇用体制を構築するために、保護者面談を行っている。本人、親、私の3者面談を年間1回以上行い、入社時には全員の家庭訪問も実施するようにした。これは、障がい者の抱える問題の原因が親や身内や家庭にある場合も多いため、家庭環境の把握は重要であり、キーマンとなる人を特定することは大変重要である。また両親のいない社員もおり、支援団体と連携を密にとり面談や家庭訪問もしっかり行うことで、社員の不安を払しょくしてあげたかった。今後そういった社員も増えていくであろう。

5．面談の実施

　定期面談も実施している。スタッフ3名が障がい者19名をそれぞれ担当し、全員への面談を月1回以上行う。特に私の仕事は、給料日になると給料明細を持って、直売所の社員や農業班、支店へ出向き、労いの言葉をかけ面談して回ることにした。短い場合は5分で終わるが、ここぞとばかりに病状不安な状況や、生活面での悩み、恋愛相談まで多岐にわたる話をして回る。社員は面談をすれば必ずわかり合え、親との信頼関係も悪くなることはない。いじめを受けた社員には、何度も家庭訪問と面談を繰り返し、現在は良好である。

60

ジョブコーチ資格もスタッフ全員が取得し、業務に活かしている。ジョブコーチは、仕事のコーチングだけでなく、上記のように生活相談や悩み相談も大事な要素である。そのうえで関係支援団体との連携は特に重要で、就業・生活支援センター、職業センター、出身の就労支援事業所などと定期的につながりを持ち、生活支援が必要になった場合、緊密な連携関係の構築が重要であると感じる。

6．将来を見据えた雇用

将来を見据えた雇用も考え、先に述べたように親のいない社員に対しお金について知ってもらう機会を作っている。まさに金融機関であるJAの特例子会社として、JAの事業で社員の資産や生活、相続に関するあらゆる問題を解決すべく、支援団体、就業・生活支援センター、JAぎふとの話し合いで解決していった。

具体的には、ある社員は、金融機関に通帳が7冊あり、公共料金がそれぞれ分散していた。資産を崩すと怒られると思ってか、小口ローンも借りてしまいだれにも相談できず、弁護士事務所にも相談してしまっていた。1つひとつ解決することで、社員も悩みが取れ、表情も穏やかになり、仕事に集中できるようになった。

JAの金融担当者を呼び、金融商品の研修も行っている。生活保護を受けたり、年金をもらったりする社員の資産管理もJAの特例子会社として提供できるようになりたいと考えたからだ。

(1) 柔軟な雇用

面談を行うことで、社員と話し合い柔軟な働き方も実現している。

体調面も考慮し、4.5時間、5時間、6時間、7時間、8時間など様々な働き方を提供している。障がいにより体調が不安定な社員には、超短時間労働を実践し、週2回の3時間からはじめ、週3日3時間、現在は週5日4.5時間に落ち着いている。

多様な働き方を推奨することで、ES（従業員満足度）も高くなり、家族への理解も強くなっていると感じる。世間では社員をつなぎとめるに

は賃金の問題があるが、賃金よりむしろ適所適材の人事や、家族と向き合った面談であったり、資産管理のノウハウの提供であったりするのではないかと感じる。

健常者と同じ資格取得も奨励している。JA資格認証試験、毒劇物、大型特殊、自動車免許、フォークリフトなどに挑戦させた。特にJA資格認証試験は、受験をすることにより一生懸命向き合い、こつこつと勉強し、結果的に2年受からなかった子もいるが、人が変わったかのように前向きになり、「来年は絶対に合格する」と意気込んでいる。毒劇物や社会福祉士に受かった社員は、現在管理者補助として実践中である。

給与体系も基本的に時間給の期間雇用契約であるが、時間給から月給制にシフトし、プレイングマネージャーとして、自身も作業しながら管理する社員も現れた。5年以下は期間雇用であるが、JAぎふから通算して15年以上働いている社員もおり、期間雇用ではなく定年制にした社員も何名かいる。これは、会社として問題のない社員であり、期間雇用する必要もなく、定年制にすることで家族の安心感は計り知れないと感じたからである。

(2) 法定雇用率

このような雇用で現在、特例子会社として、障がい者の本体との雇用合算ができ、JAぎふの法定雇用率は3.34%である。国が定める法定雇用率が2.3%なので、雇用率からも貢献している。障がいの内訳は身体3、知的5、精神11であり、なかにはLGBTの社員もいる。

7．具体的取組み

主な業務内容はお話ししたが、取組み内容はさらにおもしろい。

事務、清掃、印刷、直売所勤務、味噌作業、農業と多様に働いているが、全員が集まることがない。そこで会議方式で集うより、社員農業研修として全員を集めた。普段農業を行っていない社員は、朝から気分も高揚し、楽しく畑作業を行うことができる。障がい者は単調作業が好きだというが、たしかに単調作業が得意だが飽きもくるようで、その解消

のために農業は大変よいツールである。

研修内容は岐阜農林高校と提携して、飛騨美濃伝承野菜の「まくわうり」の原種苗を譲り受け、発祥の地である当社自作農地に社員研修で作付けし、生育したまくわうりは、岐阜農林高校生徒らにより加工され、「まくわうりアイス」となりJAぎふの直売所で販売される。昨年は宮内庁に献上するまでになった（図2～4）。

本店勤務の社員は、毎週1回LED人工照明苗施設での苗作り作業をする。「週に1回30分農業」として、スーツを着たり事務服や車いすの子まで苗作りにいそしむ。この苗がLEDによって生育し、出荷され対価となる。毎週金曜日はJAぎふ本店前で自分達で売り出しを行い、味噌・野菜苗を販売する。全員が仕事も二刀流で気分転換を兼ねて行える農業である（次頁図5）。

8．農園の取組み

地域共生社会の実現に向けた取組みとして「ユニバーサル体験農園」を実施し、3つの農園を同じ農地で行った。

1つ目は「まるけふぁ〜む」として、障がい者向け体験農園を開園し

図2　岐阜農林高校からの苗の提供

図3　JA職員との社員農業研修

図4　まくわうりアイス

図5　LED人工照明苗施設での作業

図6　まるけふぁ～むでの田植え

図7　コメ農家への労働力支援

た。同じ参加者に年間5回実施する（図6）。昨年度より田植え、稲刈りの稲作体験も行い、できたコメはノウフクJASの取得をめざし、味噌の原材料として活用している。最終回は直売所と連携して「はっぴぃマルシェ」を開催し、参加者が販売イベントに参画するという取組みも行った。

2つ目は「有機農業実践塾の開塾」を当社農地で実施した。県普及所、JA、当社との連携、農家の有機農業を実践指導する場を提供している。最終的に当社圃場で有機JAS認定をめざしている。われわれも同時に有機農業を学び実践している。

3つ目は「JAぎふ真正支店非農家組合員向け収穫体験」を実施した。圃場管理や収穫時の補助は当社で行い、収穫時も一緒に作業を行う。

以上の農園を実施し、極力同じ日に実践することで、われわれの農地を様々な人が集うユニバーサル体験農園として活用している。

出向く農業の実践も行い、コメ農家への労働力支援（田植え時期、稲刈り時期の労働力支援を実践）、野菜農家としては正月用の祝大根農家への出荷作業時の労働力支援を実践している（図7）。

農業祭にも多く参加している。地域農業祭に積極的に参加することで、当社の商品の販売促進はもとより、社員が共生社会の実現に向けて、非常によい顔つきで販売を行い実施することができている。

近隣に圃場のある全農岐阜との交流事業も行っている。全農岐阜のイチゴ研修施設で、障がい者雇用を行い、障がい者のみでイチゴ栽培を実践している。昨年より、双方の作業を経験することで交流を実践している。また、農協観光との連携による事業の展開、出向社員の受け入れによる事業展開も行っている。具体的には、障がい者との田植えを一般市民に体験していただくとか、行政と連携した取組みなどを模索しているが可能性は計り知れない。

ノルディックウォーキング教室の開催は、登山ガイドとノルディックウォーキング免許のある私が、JAぎふ女性部に向けた教室を開催した。肥満傾向の社員が大変多く、健康管理と女性部との交流として実施している。

9．今後の課題

このように数多くの取組みを楽しく実践している。しかし、子会社の運営は容易ではない。親会社で株主であるJAぎふ役員を交えて、株主総会や役員会を実施するが、厳しい意見もいわれる。やはり持続可能な会社であるためには、経営の安定性、収益の確保が必須となる。収益の確保のためには核となる事業を行わなければならないとの結論を社長（伊藤正人JAぎふ専務理事）と話し合った。

現在は、事業の委託管理費として親組織であるJAぎふより援助がないと成り立っていかない現実がある。そこで、核となる事業を社長と話し合った。必然的に農業か味噌を主力にしたいが、農業は失敗も多くまだまだ安定した収益に至らない。機械投資や設備投資することもできず、農業を主力にするには課題も多い。

一方、味噌事業は直売所では入荷待ち状態が年間100日程度あり、出せば売れる安定したヒット商品である。しかし、味噌の製造には最後の工程の倉庫で熟成させる期間が1年程ある。現在の味噌蔵では、貯蔵量

が決まってしまい、おのずと生産量、売上高も決まってしまう。増収を
めざすなら味噌蔵の増築が必須である。ということから、味噌加工施設
新設に踏み切った。生産量が増えることにより、直売所一辺倒ではなく
販売チャネルも増やし、より高付加価値をつけて販売することを目標と
した。味噌事業を成長戦略として軌道に乗せながら、自作農業の充実も
考えている。経営として軌道に乗せないと、持続可能な将来はないと感
じる。

10．共生社会の実現のために

　ただの農協職員であった私が、障がい者雇用の会社運営を行い、毎日
が答えの出ないことの連続だが、がむしゃらに答えを導き出して考えさ
せられる。毎週1回スタッフで徹底的に事業の報告と社員の動向を話し
合い、週に何度かは社長も声をかけてくださり、風通しのよい環境を作
っている。

　障がい者である社員の管理は、苦労があるといわれがちだが、JAぎ
ふで養った人財育成のノウハウや、過去のJAでの経験値が大変役に立
っている。

　まるけふぁ〜むの体験農業や、イベントの数々もJAで行ってきたか
らこそスムーズにできている。JAで学んだことが私の基礎となってい
ることは間違いない。

　先にも述べたが、障がいとは個性であり特性である。理解できれば容
易に受け入れられる。共生社会の実現には多様性を認める、そんな社会
作りが大事であろう。小さな会社であるが、多様な人材、多様な働き方、
多様な業務、そして多様な可能性を秘めた会社である。ほんの一端を書
き留めたにすぎないが、多様な可能性の実現に向けて、われわれの挑戦
はまだまだ続く。

（2023年7月号掲載）

第7章

ＪＡの高齢者雇用の価値と役割

株式会社イマージョン 代表取締役 藤井 正隆

第Ⅱ部　多彩な力を活かす

１．農業従事者減少と JA 職員の退職の背景

　基幹的農業従事者数は2000年から20年間で240万人から136万人に半減し、2022年現在122万人、特に2015年から2020年の５年間で２割以上減と2000年以降で最大の減少割合となっている。さらに、耕作放棄地は2022年現在42万3,000ヘクタールと増え続け、石川県の総面積１県分以上が耕作放棄地といった状況である。

　一方、日本の現在の食料自給率は、カロリーベースで38％、生産額ベースで63％となっている。食物の輸入に頼り、有事や環境変動などの影響で食物を自力で確保できないということは、国民を守ることができず、危機管理上の重要課題であることを、今回のウクライナとロシア戦争により小麦ほかの輸入が制限され、物価上昇のきっかけになって実感した。

　日本の食料自給率が下がった要因は、国外からの安い農産物が入ってきたことや減反政策等により、もともとさほど収入が多くなく相場や気候で不安定だった状況をさらに悪化させた。一方、戦後、２次産業（工場）に産業の中心が移っていくと、専業農家が減り兼業農家が増えていった。こうした経緯により、国民にとってなくてはならない重要な産業でありながら、担い手が減っていったのである。

　組合員に支えられている JA においても、日本全体の人口減少に加え、合併や組織収益維持のための短期的な目標管理が職員の退職の要因にな

67

っており、本来のJA組織の目的、さらには、協同組合の理念の徹底が叫ばれているが、規模が大きくなり多くの利害関係があるなか、変革は簡単ではない。そうしたなかで、JA組織における職員の確保・育成と退職防止の強化にとどまらず、高齢者の戦力化や、今まで活躍の場が限られていた女性・障がい者を新たな貴重な人的資源として着目することは時代の要請である。

２．JA高齢者が生み出す価値

　高齢者の魅力は豊富な経験である。知識だけでなく経験の消化を経たノウハウは、まだ勤務年数が短い若手にはない貴重な財産である。また、長年の仕事を通して築いてきた人脈も豊富であり、組合員・利用者・取引先に太いパイプがある。協同組合は、共通の目的を持った人たちが、その目的を達成するために組織した相互扶助組織であり、人的なつながりがもっとも重要であることはいうまでもない。組合員同士やJA職員と組合員とのつながりが絶たれる、あるいは希薄になることは、協同組合そのものの存在意義を低下させてしまう。

　JAが今まで実践してきた主な活動は、まさに地域に根差したものである。健康福祉、食育、農業体験、地域交流イベントの開催や参加、スポーツ振興等、各地域性を加味した様々な取組みは、SDGsがいわれる前から特別なことではなく、当たり前の活動として継続してきている。こうした地域活動においては、地元で長く働いてきたベテランJA職員の活躍する場である。

　さらに、地域の事業創出といった面でも期待されるキャリアを積んでいる。徳島県上勝町農業協同組合の営農指導員だった横石知二氏が、葉っぱビジネスを興して、県下でもっとも高齢化比率が高く65歳が50％を超える町で、お年寄りで月収100万円以上を超える方も出てきたことが話題になり、映画化もされた。横石氏が地域で活動するJA職員出身であったからこそ出てきた発想であり、さらに、農家とのネットワークがあったから成功に至ったのではないだろうか。

　地域活性化の切り札は地域資源であるといわれる。特に市区町村では

「農水産品」「観光資源」を活用することが重要だといわれているが、まさに、地方ならではの地域資源があり、そのことを熟知しているのはJA職員なのである。

3．日本の人口とJA組織における高齢者雇用

2008年から人口減少社会に転じ、総務省統計では2050年には9,515万人となり、約3,300万人（約25.5％）減少するとされている。高齢人口が約1,200万人増加するのに対し、生産年齢人口は約3,000万人以上、若年人口は約900万人減少する。その結果、高齢化率は約20％から約40％に上昇し、これは移民受け入れ等に踏み切らない限りすでに起こった未来である。

一方、厚生労働省によると2021年の日本人の平均寿命は男性が81.47歳、女性が87.57歳となり、世界保健機関（WHO）に加盟する主要48か国中、日本は女性が世界1位、男性は2位の数字だ。さらに、医療の発達により、健康寿命（元気で働ける年齢）は男女とも70歳を超えている。

高齢化率は、総人口に占める65歳以上の高齢者人口の割合のことである。高齢化率が7％以上で高齢化社会、21％以上で超高齢社会といわれる。日本は、2021年9月現在で29.1％、そして2050年には高齢化率が約40％になるといわれており、超高齢社会の先進国といっていいだろう。地方市町村レベルではすでに40％以上で、50％を超えるところもある。

このように、世界最短のスピードで超高齢社会に突入した日本で、高齢者が活躍できる職場づくりが業種業態にかかわらず課題となっている。労働人口（16歳〜65歳）は減り続けており、パーソル総合研究所は、2030年に7,073万人の労働需要に対して6,429万人の労働供給しか見込めず644万人の人手が不足すると予想している。健康寿命が長くなり、労働人口が減少するといった数字を見ると、65歳以上の高齢者の活躍が社会的な要請であることは明らかである。

こうした背景のなか、2021年には高年齢者雇用安定法の改正により、個々の労働者の多様な特性やニーズを踏まえて70歳までの就業機会確保が努力義務とされた。定年年齢の法的義務の推移をみると、高年齢雇

用安定法では1985年に60歳定年を努力義務とし、98年に60歳定年を施行した。その後、2013年に65歳までの継続雇用を義務化する規定が施行され、そこからわずか8年後の改正である。しかし、2022年のエン・ジャパンの調査では、わずか15％しか認知されておらず、定着化するまでには時間を要する可能性がある。

日本最古の定年制度の記録は、1887年の東京砲兵工廠（ほうへいこうしょう）の職工規定に55歳を定年とする旨が記されているが、当時の日本人の平均寿命が男性43歳、女性44歳の時代に55歳であるから、実質の終身雇用である。現在の平均寿命が80歳以上と40歳前後も伸びているのに対し、定年年齢は55歳から実質60歳と5歳しか伸びていない現実は、人手不足といわれているなかでは、社会の重要な人的資源を有効に活用しているとはいえない。

さらに、66歳以上で、本人が希望すれば働ける会社は30％強しかなく、2021年4月に70歳まで継続雇用が義務化されても、多くの企業では60歳で定年再雇用となり、能力が極端に落ちることがないなかで大幅に報酬減、さらに重要な仕事から外される実状では、モチベーションが上がらないのは当然である。

このことからわかるように、人口が増加から減少に転じ、長寿社会になったにもかかわらず、社会システム変革が追い付いていないのが現状である。定年延長や定年制そのものの廃止を行う組織も出てきているのは当然といえるが、JA全中の調査（職員数200人以上のJA対象）においても、60歳以降の雇用制度を「定年延長」としたのは、解答した259JAのうち、12JA（5％）とわずかであることから、今後、加速して60歳以上のJA職員の雇用について再検討すべき課題である。

4．高齢者雇用の能力を活かすための組織のあり方

教育学の世界では、人の変化を「成長」と「発達」という。「成長」は人間の量的な変化のことを意味し、「発達」は人間の質的な変化を意味する。人間の量的な変化は、身長が高くなるといった身体的な変化や運動能力の向上などであり、「発達」は人間が持つ可能性が徐々に高まっていくプロセスである。「成長」や従来の「発達観」は、子どもから

大人になるまでプロセスと捉えられている。一方、「生涯発達」は、必ずしも子どもから大人になるプロセスだけでなく、身体的に衰えていくなかにおいても、まさに、生涯を通して発達するプロセスである。

たとえば、「熟練工」という言葉があるが、生涯を通して技術を高めていくといった発達もある。「徳を積む」といったことも高齢化していくなかでの発達である。また、知能には、「流動性知能」と「結晶性知能」がある（図1）。

流動性知能は、新しい環境に適応するために情報を獲得・処理し操作していく知能であり、処理のスピード、直感力、法則を発見する能力などが含まれる。

一方、結晶性知能は、長年にわたる経験、教育や学習などから獲得していく知能であり、言語能力、理解力、洞察力などがある（図2）。

このように、すべての能力が、必ずしも60歳で急激に低くなるといったことはない。しかし、このことは必ずしもすべての高齢者には当てはまらない。高齢者就労の課題として、パーソル総合研究所の調査（2020年）によると、「シニア本人のモチベーションの低さ44.9％」「シニア社

図1　流動性能力と結晶性能力

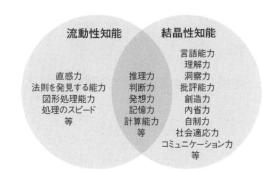

佐藤眞一（.2006）・「結晶知能」革命・東京：小学館より引用

図2　中高年になっても生長する「結晶性知能」

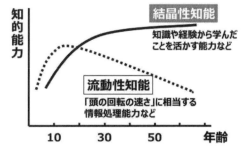

中高年社員の「自分の居場所の確保」に有効！　「経験」を武器に存在をアピール　記事より引用

員のパフォーマンスの低さ42.9％」となっている。この調査結果から、高齢者の能力においていかに生涯学習が重要なのかがわかる。

　具体的には、技術革新により、身に付けたスキルが陳腐化している可能性があるからだ。また、「徳を積む」といった年齢を重ねることが、生涯発達につながるといった面からすれば、高齢者自身も、組織のなかでの役割をしっかりと理解したうえで、年下であっても指示に従い一緒に働くことも重要である。

　このように、人口減少時代において、60歳を過ぎても組織で役割を担うために、生涯学習を意識して能力開発を行うことが、高齢者の能力を最大限に発揮することにつながることは間違いない。そのためには、職員も若いうちからキャリアを考えて、能力開発を怠らないことに加え、職場全体でも、高齢者の能力に関する可能性についての理解を深め、長年培った様々な能力を効果的に活用するといった意識改革をしなければならない。

5．組織における高齢化の弊害と対応策

　このことは、単に定年延長をすればいいといった単純なものではない。高齢職員が後進の若い世代にとってマイナスの存在になってしまうことがあるからだ。日本では古くから「老害」という言葉で戒めてきた。実際、「高齢職員の扱いは難しい」といった声も少なくない。高齢者には、「俺の若い頃は…」といった発言に代表されるように過去の経験に固執したり、頑固になり自分の意見を曲げず人の話を聞かなかったりする方もいる。また、役割が変わっても上下関係が変わらず横柄な口の利き方をするなど、扱いづらい人も少なくない。また、働き盛りと比べ、熱心に働かない方もいる。

　こうした意識・態度面だけでなく、能力面も考えなければならない。もちろん個人差はあるが、新しい技術についていけない方もいる。たとえば、情報通信技術（ICT）が苦手だと、本人にとどまらず職場の生産性にも影響する。ICTに詳しい若手に聞きまくることで、若手社員の時間を取り、仕事に支障が出るといった弊害も出てしまうからだ。

第7章　JAの高齢者雇用の価値と役割

　もう1つ考えなければならないのが健康問題である。60歳を超えれば
だれもが大なり小なり健康に不安を持つ。つまり、①意識・態度面、②
能力面、③健康面——で起きうることを前提にマネジメントしなければ
ならない。

　今までのマネジメントは、上司や先輩が自分より意識面で未熟で、能
力面でもまだ開発途上にある部下や後輩を指導・管理することを前提に
してきた。階層別研修に代表される教育研修も、部下指導育成といった
内容である。つまり、新人～中堅～管理者～幹部といった教育体系は整
備されてきたが、高齢職員のマネジメントには焦点が当てられなかった
のである。高齢職員は、年下の上司より知識・スキルが高い場合もある。
働く意欲も様々である。

　このように高齢職員はあらゆる面で画一的でないといった前提を踏ま
えて、マネジメントをしなければうまくいかない。高齢職員のマネジメ
ントを確立した職場は、生産性が高まり活性化された職場になるに違い
ない。

　前述のように、超高齢社会が進み、定年延長は国としても既定路線に
なっている。そのため、最近は人事制度を見直す企業が出てきている。
しかし、まだ現在雇用形態については圧倒的に非正社員が高く、役員を
除く65歳以上の雇用者に占める非正社員の割合は、2016年時点で75.3％
（厚労省調査）であり、非正社員の比率は年々高まっている。社員側の理
由としては、平均寿命が延び、労働意欲があり、身体的にも働くことが
できるからである。一方、企業側の理由としては、正社員での雇用延長
による給料水準が高止まりすることや退職金増加等の人件費負担、若手
社員の登用機会創出等である。

　今、まさに、こうした企業側と社員側の両方が WIN-WIN になれる解
決方法を実現しなければならない。しかし、高齢者は、前述に示したよ
うに、意欲・行動、能力面、健康面、収入への期待面等については様々
で一律ではない。また、人的資源管理面では、以前から問題になってい
る年功序列型の賃金では、組織への貢献面に対して賃金が高くなる傾向
があり、若手社員や管理者の不満になっている。

こうした状況のなか、人的資源管理において、高齢職員の人事評価や処遇をどのように考えたらいいのだろうか？　以下に２つの方法について事例を示して提案をしたい。

　①　同一労働同一賃金を前提とした若手社員と同様の厳しい評価
　②　定年後のシニア中心運営会社も設立

　まず、①であるが、基本的には、20代〜50代までの人事評価制度と同様に、しっかりと評価を行うことである。

　愛知県豊橋市に西島株式会社という部品メーカーがあるが、創業以来定年を一度も設けず、自ら引退する制度を続けている。現場では、18歳から90歳の４世代の社員が働く職場であるが、処遇においても60歳を境に急激に減額されるといったことはない。一部年金の受給額に応じた相談には個別で乗るが、基本的に基本給は年齢とともに上がっていく。しかし、同社では能力給の部分の割合が大きく、能力給はライフステージに応じて変わる役割における貢献度（個人の成長度合い）を年２回の査定で決められている。そのため、若くても努力を続ければ年齢に関係なく評価が上がり、年齢を重ねても成長し続ければその評価は維持、むしろ向上していく。何歳になっても社員が自己成長をすることが同社の強みであり、そうでなければ世界での競争力が失われていくからだ。

　同社は、約150名の中小企業であるが、大手でもこうした見直しがはじまっている。社員４万5,000人のYKKは、2021年に定年制度を廃止し引退制度を採用した。本人の希望を勘案、同じパフォーマンスが期待できれば、64歳までの役割や職務をそのまま引き継げる。同一職務同一処遇の原則に乗っ取り、それ以前と同じ待遇を維持し、評価基準は厳格だ。

　西島と同様に、人事考課は基本的に社員の能力が成長することを前提としている。両社は一言で表現すれば、「ある意味厳しい定年選択制」であり、社員の自律と企業側の公正といったバランスの取れた１つの形である。

　②は、定年した方のシニア中心の会社を設立する方法である。

　東京都神田に、元東京ガス関連会社ガスターの役員を務めた上田研二氏が、2000年に設立したのが株式会社高齢社だ。上田氏は、経験が豊富

74

第7章　JAの高齢者雇用の価値と役割

で、気力・体力・知力があるOBは、「まだまだ働ける！」「もったいない！」という思いから、これらの方々に「働く場」と「生きがい」を提供しようと考えた。同社は、ガス関連業務を中心に人材派遣を行う人材派遣会社である。長い業務歴を有する定年後のベテランが派遣登録し、就労率は70％を超える優良企業である。派遣労働者400名、派遣先社数82社、労働者派遣料金1,832円（１時間当たり平均）で、年金と併用であれば、本人にとっても週に２日～３日働くだけで十分な報酬であり、かつ、派遣先には他社より安価でサービスが提供でき、かつ、定年で常に家にいるということもないので、世話をしなくてもよくなった配偶者にもとても喜ばれる、まさに、三方良しの仕組みで運営されている（図３）。

　この仕組みを取り入れた企業の１つに、株式会社吉村がある。日本茶のパッケージ製造の約300名の会社で、「日本でいちばん大切にしたい会社」大賞をはじめ、数多くの受賞歴がある優良企業だが、同社の橋本久美子社長も、ベテラン社員による会社をグループ会社として設立した。

図３　WIN×WIN×WIN＝三方良し　モデル

すると、別会社にしたことで、高齢者に三方良し＋αのメリットがあったという。シニア中心に設立した別会社にとって、本社はお客様であるために、たとえ後輩であっても横柄な口を利くようなことはなくなり、さらに、納期などについても改善されたのである。

今回述べたことはJA組織に限ったことではないが、いずれにしても、JAにおいても高齢者雇用の価値と役割について再確認することの意義は大きい。

６．まとめ

(1) 協同組合の設立の背景・目的と存在意義からすれば、老若男女が地域で助け合うのは本来の姿である。

(2) JA職員の高齢者雇用は、労働人口減少・人財不足のなか、様々な知見・経験・人脈等を持ったベテラン社員が地域活性化の担い手として大きな価値と役割を果たす可能性が高い。

(3) 一方、組織全体、特に若手・中堅職員のモチベーションに悪影響を与えないために、人事制度や組織形態等の総合的な改革が必要である。

（2023年8月号掲載）

第8章

農村地域に居住する「農外者」と農のかかわり

信州大学学術研究院 農学系 助教 **小林 みずき**

第Ⅱ部 多彩な力を活かす

1．農とのかかわりにダイバーシティの発想を

　農村において農地の遊休化・荒廃地化の進行が懸念される一方で、都市は「農」を求める人たちであふれかえっている。都市近郊の農地を活用した市民農園や体験農園のなかには、定員の数倍もの希望者が殺到するところもある。この勢いは農村へ向かうどころか、都心の高層へ向かって広がり、駅ビルや大型商業施設の屋上にも「貸し菜園」が姿を見せるようになった。畑や庭を持たない都市住民にとって、土や植物に触れられ、かつ自分が育てた野菜を食べられるという、ほかにはない「農」の魅力に価値が見出されている。菜園サービス業を手掛けているのが農外に本業を有する企業であることに驚かされるが、サービスの手厚さを知ると納得させられる。

　このように都市部において農への関心が高まるなかでこそ、農村地域内の住民の存在に注目したい。以前であれば農村住民の農への関心は薄れる一方であると想定されてきた。しかし、近年は農村地域においても生産活動に対する関心の高まりがみられる。その背景には移住者数の増加もあるが、農村地域内において非農家の割合が高まっていることも関係している。

　農業集落当たりの非農家の割合は全国で94.2％、筆者が住む長野県でも87.6％を占める（2020年農林業センサス）。農家が少数派になった今、

農地を持たない世帯のほうが多く、農業の経験が少ない人ほど、生産活動に対する関心は高い。

長野県には県農政部農村振興課内に「農ある暮らし相談センター」が設置されている。担当者の農ある暮らしアドバイザーによれば、移住者だけでなく既存の居住者も含めて市民農園等への問い合わせが多くあるという。大学キャンパス周辺の自治体でも「町民農園」や「土づくり講習会」に対して、参加希望者が多く集まっている[※1]。

しかし、同時に、多くの農村地域では農家数の減少により、農地の維持管理が懸念されているのも事実である。農産物は安く買えることが当たり前になるなかで、資材や燃料は高騰を続けている。生計を立てるのが困難な農家が耕作をやめることや、農地を手放すことを選択するのも無理はない。

以上を踏まえると、既存農家の多くが「農」から離れる一方で、非農家のいわば「農外者」の人々が「農」へ接近するという逆転現象が生じている。

このように農村社会の構造が変化する今だからこそ、「農外」に位置付けられてきた非農家の住民にスポットライトを当てたい。生産活動における「農外者」の活躍のあり方を検討することで、農村社会の課題を解消することができると筆者は考える。

これからの農村地域の農のあり方を考えていくうえでは、農業経営体の育成も重要であるが、農外の人々の関心の高まりや動向を捉えながら、彼らを農地の管理・活用を担う一員として取り込んでいくことが期待される。しかし、それには既存の体制の見直しやミスマッチを解消していくことが不可欠となる。

そこで、本稿では農村地域内のコミュニティ農園の事例を取り上げ、「農外者」の生産活動における活躍に向けて支援策を検討する。ダイバーシティを、それぞれの人が持つ個性（違い）を活かす社会や経営のあり方をめざすものとして捉え、持続可能な農村社会を見据えて、属性を問わず農の取組みに参加できる農村社会を展望したい。

※1　箕輪町みどり戦略課担当者より聞き取り（2023年12月）。

２．農村における「農活」の必要性

　事例に入る前に、農村居住者が生産活動の知識や技術を習得していく過程を「農活」として定義し、その重要性について指摘したい。生産活動は農地の管理・活用に不可欠であり、農村地域の持続可能性を高めるうえで、農村居住者の「農活」をサポートすることがこれからの重要点と考えるからである。

　農活のポイントは、継続性とそのための仲間づくりである。自給的農家においてでさえ、日常において生産活動を行う場合はほぼ一人で作業を行っているケースが多い（小林、2022）。周囲に多くの農家世帯があれば、畑に出ると「だれかいる」というのが当たり前だったが、先に述べた通り、昨今の農家世帯は少数派であり、孤立しやすい。非農家の家庭菜園はなおのこと個人の趣味にとどまりがちとなり、自己流の栽培方法がときに農家とのトラブルに発展することもある。そこで定期的に通い作業を行うことで、他者とかかわりあいながら農産物の栽培方法を学ぶことが、栽培を継続していくうえで、また地域の農業者との相互理解や社会とつながるという点で重要となる。

　これらを踏まえて、農活の場として「会員制農園」に注目したい。会員制農園とは、一定期間の事業者との契約のもと、定期的に通い生産活動を行いながら、農産物の栽培方法を習得することができる場としよう。単発的・短期的な体験にとどまらず、栽培知識や技術の習得とともに、他者との関係づくりが期待され、農活の場に適しているといえる。ここで主な会員制農園の分類を次頁表１に示し、説明する[2]。

　①市民農園は、農地の区画貸しであり、厳密にいえば会員ではないが、契約のもと定期的に通い生産活動を行う場である。基本的には利用者が自由に栽培を行える一方で、道具の貸し出しや指導がない農園も多い。

　②農業体験農園では、利用者に対して区画の割り当てがあるが、基本的には事業主側が栽培の指導を行い、それに基づいて作付けを行う。農家が主に開設しており、「農業のプロ」から学べる利点がある。

※２　参考：成清・川口・佐藤（2014）、小口（2021）、小村（2022）

表1　会員制農園の作業形態による分類

タイプ	作業形態	区画分け	栽培指導と作付け	事業主体
① 市民農園	個人作業が中心	あり 基本的には農地の貸付	・基本的に利用者が自由に栽培 ・栽培指導のない農園もある	自治体、農協、農家、企業など
② 農業体験農園	一部に共同作業を含む	あり 割り当てられて区画に指定された作目を栽培	・指導のもと栽培 ・共同作業を取り入れる農園もある	主に農家が農業経営の一環として開設
③ コミュニティ農園	共同作業が中心	なし 事業者の圃場で栽培	・指導のもとで、協力・分担しながら栽培	自治体、農協、農家、企業など

資料：小口（2021・2023）を参考に作成

　③コミュニティ農園では、事業者の圃場を指導のもとで、作業を協力、分担しながら行う。消費者が生産に参加し、農園でできたものを「シェアする」という発想に基づく。

　これらを作業形態で分類すると、①市民農園は個人作業が中心である一方、③コミュニティ農園では共同作業が多く、これらの中間に位置するのが、②農業体験農園である。

　会員制農園のなかでも特に③コミュニティ農園は共同作業が中心であり、協働性が高く、仲間づくりが期待される。今後の推進策を考えるには地域の特性や対象者に沿った支援が必要となる。特に、生産活動の目的をどのように設定するのかという点は重要となる。この点を踏まえて、「農業志向」と「生活志向」に分けて、各事例を取り上げて紹介する[3]。

3．生産活動の2つの方向性：農業志向と生活志向

　まず、農業志向のコミュニティ農園の一例として、長野県安曇野市の堀金地区（旧堀金村）にある「烏川体験農場」を取り上げる。ここでは地域の農家が実践する農業生産の様式にのっとって農産物を栽培している。会員が自ら食べるための農産物も生産するが、販売を目的とした農産物の生産や出荷作業を行うことで、本格的な農業の体験・実践ができる場となっている。会員に対する区画の割り当てはないが、農家の会員

※3　参照：小林（2022）

が中心となって計画を立て、作業の指示を出している様子は農業体験農園と重なる。

次に、生活志向のコミュニティ農園として取り上げるのは長野県伊那市内の長谷地域に位置する「長谷さんさん農園」である。さんさん農園は「『農ある暮らし』の第一歩を応援」することをめざして、栽培期間中農薬・化学肥料不使用の栽培で、各季節7～8種類が食せるように栽培計画を立てている。生産物の一部は農産物直売所などに出荷もしているが、基本的には会員自身が畑や庭で野菜を栽培できるようになることに重点が置かれている。

このように一方では販売をめざした「農業」を、一方は「生活」における生産活動をめざしている。非農家の存在と彼らの生産活動に注目するとともに、農家と非農家が協働することの効果にも注目したい。

4．地域農業を体験して学ぶ「烏川体験農場」

烏川体験農場がある安曇野地域は県内でも有数の稲作地帯である。この農場は、結婚して農家の構成員となった女性が稲作以外の換金作物となるメロンや花卉の生産を家の畑で実践できるようにと、1989年に立ち上げられた。その後、町村合併を機に、女性や農家だけではなく、安曇野市内の居住者であればだれでも会員になれるかたちに変更した。

会員は市の広報誌などを通じて「農業に関心のある人」を募集し、毎年度のはじめに入会金として5,000円を徴収している。2022年時点で会員は45名、年齢層は30代～80代で70代の女性が多く、農家・非農家を含んでいる。主にビニールハウス10棟において施設栽培を行う。販売を目的とした花卉類に加えて、オカワサビの生産には地域でもいち早く栽培を開始した。作業は週2回程度、1回に2時間程度であるが、農繁期には作業が数日続くこともあり、会員は可能な範囲で参加することになっている（次頁図1）。農産物の販売で得られた売り上げは会員に分配される。

もとは農家の女性を対象としていたことから、比較的長く通っている会員には農家が多いが、畑を持たない非農家も通っている。農場へ通う

図1　出荷調整作業の様子

ようになった目的については、農家と非農家を問わず「農作物の栽培に興味があったから」という回答が多く、農家の会員ではこれに並んで「技術向上や勉強したいから」という回答が多かった。他方で、非農家の会員では「地域の人と交流したい」と「食に興味があったから」という回答も多かった。

　非農家の会員には農場へ通うことによって、「農作物の栽培に興味がわいた」という人が目立ち、当初の目的は「地域の人と交流」であった会員も農産物の栽培に対して関心を高めていることがうかがえる。農家の会員では「知識や技術が習得できた」という回答が多く、「技術向上や勉強したい」という当初の目的を達成している。これに加えて、「友達や知人が増えた」という人も一定数おり、交友関係を広げていることがわかる。

　習得したいことについては、農家の会員と非農家の会員ともに「農産物の出荷や販売技術」がもっとも多く、次いで、非農家では「慣行栽培」が、農家では「より高度な農業技術」が多かった。農業への関心を高め、農業の実務的なことを習得したいと考えている様子を捉えることができる。実際に、会員のなかには自宅の畑で販売用の農産物の生産を開始した人や、農作業アルバイトを農家から依頼されるようになった人もいるという。

このように、烏川体験農場は地域農業の実践の場として機能しており、会員は交友関係を広げながら、農作業や出荷等の経験を積んでいる。この過程を通じて非農家の会員は農業に対する関心を高めていき、積極的に生産活動に加わろうとする。そしてその姿勢は農家の会員にとって農業と前向きに対峙する動機付けとなっている。さらに、「家では農業を手伝ってこなかった」という農家世帯の後継者に加えて、畑を持たない非農家の人が共に農にかかわる場となっていることから、新たな農業の担い手として育成してく可能性も期待される。

5．農ある暮らしをめざす「長谷さんさん農園」

　続いて、生活志向として取り上げる「長谷さんさん農園」では、圃場を会員が共同で管理・作業をしており、この点は烏川体験農場と共通する。ただし、共同管理圃場30アールに加えて、区画貸し圃場0.5アール（50㎡）×8区画が併設されている。運営面では「本格的な家庭菜園」をめざし、会員が自分の庭や畑で野菜を作れるようになるためのサポートをすることが意識されている。会員の主な入会ルートは移住者向けの説明会や既存会員の口コミである。共同圃場の年会費は大人1人15,000円で、2023年時点の年間会員は12名である。作業は毎週土曜日9時から12時（夏期は8時から11時）の週1回となっている。

　農園の母体は南アルプス山麓地域振興プロジェクト推進協議会という任意組織であるが、地域振興を目的に、地域の主要な関係組織の代表者で構成されている。このなかの地域農業ワーキングチームからはじまった有機農法を学ぶ「農ある暮らし塾」の実践圃場と、若手の協議会メンバーが自ら学習しようとはじめた取組みが一体化したものが現在のさんさん農園につながっている。農園の管理人を務めるのは伊那市の集

図2　管理人がサツマイモの定植を説明する様子

落支援員である（図2）。

　会員の年齢層は30代、40代が多く、子連れでの参加者が毎回多くみられる。子どもたちも、大人が作業をするかたわら懸命に作業している。飽きたら向かい側の公民館を遊び場に、子ども同士の交流を深めているようである。50代、60代の会員の場合には「親が所有する農地に耕作したい」という意向や「定年を見据えて家庭菜園を開始したい」という意向を持って通っている。

　特に「非農家の出身」で「新規移住者」の会員は「家庭菜園」に対する強い憧れとともに高い関心を抱いている。移住者のなかには団地に住んでいるために庭がないことや、近くで農地が借りられないことを理由にさんさん農園へ通っている人もいる。時には農園の関係者を通じて彼らのもとへ畑や庭のある空き家の情報や畑を借りないかという話も入ってくる。

　共同管理の会員から区画貸しへ移行する人や、共同管理の会員を続けながら畑を借りるようになった会員もいる。意欲が高い人ほど技術習得も早く、独立の意向も強い。管理人としても農園で学んだ会員がステップアップして、さんさん農園の区画や地域の畑を借りるようになることを目標にしている。その一方で、区画貸しを借りるようになったのちに、「やっぱりほかの会員と一緒に作業したい」と戻ってくる利用者もみられるという。実際には作業を共にして、会話をすることが農園に通う目的となっている会員が大半のようである。

　さんさん農園には烏川体験農場のように農業を長年続けてきた農家の会員はいない。ただし、農家出身の会員は一部おり、農業にネガティブなイメージを持っていたようであった。「農園へ通い、ほかの会員と共に作業しながら学ぶことは楽しい」といい、それが畑を耕作するモチベーションとなっているようである。

6．「農外者」の活躍に向けたサポート

　このように、農業志向と生活志向のそれぞれの農園では生産活動の位置づけが異なり、農法や生産作目、運営方法とともに、会員が通うこと

第8章　農村地域に居住する「農外者」と農のかかわり

で得ていることも異なる。2つの事例の非農家に注目すると、農業志向の烏川体験農園では「本格的な農業」を農家から学びながら、地域の農業の担い手として期待されるまでになっていた。それに対して、生活志向のさんさん農園では憧れの「家庭菜園」を実践しようと、主に移住して間もない非農家の参加がみられ、肥料や農薬を極力使用しない農法に魅力を感じていた。子育て世代である30代、40代が中心となり、子どもたちも参加していることも特徴的である。

　事例として取り上げたコミュニティ農園は長野県内でも少しずつ数を増やしているが、まだまだ多いとはいえない。コミュニティ農園に限らずとも非農家のニーズに即した農活の場は必ずしも近くにないのである。長野県農ある暮らし支援センターによれば、無農薬などの農法を用いている農園や、栽培の指導があることを希望する声が多いという。しかし、農園の運営者側は慣行農法がほとんどで、指導できる人が限られており、「農ある暮らし」を支援するうえで大きな課題となっている。さらに、さんさん農園のように、環境負荷の少ない農法を用いた「家庭菜園」の習得を希望しても、実際には指導できる人材や組織が足りていない。多くの農家は農薬・肥料を用いた慣行農法により、販売用の農産物の生産をしてきた。また、作るプロではあるが指導のプロではないという課題もある。

　農協では慣行農法を基軸に営農指導をしてきたことに加えて、営農指導の目的も従来の発想では対象にするのが難しいという課題を抱えている。その主な理由は「つくって食べる」ために生産活動を行う非農家の家庭菜園では、農産物の出荷が期待できないという点にある。現状の農協の営農目的上では農協の系統出荷が見込めない対象者に無償で指導を行うことが想定されておらず、人件費捻出等を検案すれば、農協の営農指導の対象になりうるのかという問題に直面してしまう[4]。

　しかし、将来の農村の担い手として生産活動を行える層を増やしていくこともまた、農協に求められる役割の1つである。だとすれば、農家と非農家に明確な線引きを設けてかかわりを持ってきた農協が、農地を

※4　長野県内のJA職員より聞き取り（2023年12月）。

持たず、農産物を出荷しない非農家とのどのように向き合っていくのか、全国的な課題として考える時期を迎えていよう。

最後に、コミュニティ農園をはじめとする会員制農園を筆頭に、多様なかたちで非農家が生産活動に参加でき、かつ知識や技術を習得していくことのできる農活の場を増やしていくうえでの要点を整理したい。

1つ目に新たな「生産者」を増やすために、「農産物出荷ありき」の営農指導との線引きをしたうえで、サポート体制に向けた発想の転換必要とされる。支援する側の期待と、家庭菜園や自給畑を希望する農外者のニーズの間にミスマッチが生じては定着も見込めない。農協においては「兼業農家」を育てたいという発想が根強い。その背景には農産物の出荷と、かつ農業だけで生計を立てなくともよいという発想があるのだろう。しかし、これまで主な営農指導の対象であった農家が農業から離れ、農家数は減少の一途をたどっている。このことに加えて農外の企業が菜園サービスに参入している実情を鑑みれば、生産物で収益化を考えるのではなく、生産する過程や自ら生産したものを食することの価値に基づいた新たなビジネスモデルなど、社会的サービスとして提供していくことも考える余地がある。

その一方で、農協職員からは朝収穫・出荷をして出勤する「小遣い農業」をする若手職員がいるという話を聞かせてもらった。このように「小さな農業」のビジネスモデルについては農業経営体の育成とも並行させたうえで、家庭菜園とは別の枠組みで検討し、生産される農作物の交通整理をしながら、育成方法を検討する必要がある。

2つ目に、家庭菜園に適した農法の知見を社会全体で広げる必要がある。出荷販売を目的とする農産物生産のための管理手法は確立しているが、家庭菜園や自給用の低投入型の農法の知見は十分に体系化されていない。全国的なネットワークを活用し、サポート体制とともに農法の確立が期待される。ただし、新たな農法を確立していく過程においては慣行栽培における農薬や化学肥料の使用を否定しない配慮も必要となる。市場や青果売り場を通じて、全国民の胃袋へ届けるにはこれらの農法なしには成し遂げられず、その必要性と役割への消費者の理解は必要である。

第8章　農村地域に居住する「農外者」と農のかかわり

　そこで3つ目に指摘したい点は、自らつくって食べる機会が農村居住者に広く提供されることと、資源管理という責任が対であるという認識の徹底である。有機農産物をはじめ、その希少性は自らつくることを経験することでしか、その違いやありがたみは理解できないと筆者は考える。これは子どもたちへの教育にも必要であり、考えなく学校給食に提供することには賛同しかねる。低所得世帯の家庭の子どもは、購入してまで毎日食することはできない。しかし、自らつくることができれば、だれもが食することはできる。そしてそれができるのは、農地とそれを取り囲む水や水路、農道の管理があればこそである。これらは農村に住む人々の生活にとって不可欠なものばかりである。

　このようにして「食べる」ことを起点に農村での生活を見直すことによって、現状ではかかわりのない非農家と農のかかわりを強化することができる。ここに持続可能な農村社会に向けて、非農家が大多数となった農村の居住者と地域農業の関係をむすびなおすヒントがあるのではないだろうか。

－付記－
　本研究のうち、烏川体験農場に関する内容は奥原結斗さんの、長谷さんさん農園に関する内容は西条恵汰さんの、卒業研究として従事した労によるところが大きく、ここに感謝したい。
　本書の一部は JSPS 科研費20K15616（研究代表：小林みずき）および伊那谷アグリイノベーション推進機構令和4年度研究助成1年型（研究代表：小林みずき）の研究成果に基づく。

＜参考文献＞
　小口広太『日本の食と農の未来－「持続可能な食卓」を考える』光文社、2021年
　小口広太『コモンズとしての都市農業―耕す市民に焦点を当てて』
　　　　　日本村落研究学会大会シンポジウム資料、2023年
　川口進・成清禎亮・佐藤弘『しあわせも収穫する農業体験農園』不知火書房、2014年
　小村泰秀『アグリゾート物語―農業がリゾートに変わる日〈前編〉』
　　　　　Next Publishing Authors Press、2022年
　小林みずき『農村における農的な暮らし再出発―「農活」集団の形成とその役割』
　　　　　筑波書房、2022年

（2024年2月号掲載）

第Ⅲ部
地域力を高める

第9章
みんなの孫プロジェクトの取組み
―自らが暮らしたいと思う地域で
暮らし続けることをめざして―

NPO法人英田上山棚田団 理事
みんなの孫プロジェクト 代表　水柿 大地(みずかき だいち)

1．はじめに

　「みんなの孫プロジェクト」は、岡山県美作市上山地区で棚田の保全活動に取り組んでいる20代〜40代の移住者を中心にチームをつくり、農山村で暮らす高齢者から困りごとの依頼を有償で引き受けて活動しています（図1）。代表を務めている私がなぜプロジェクトを立ち上げることとなったのか、まずはその経緯からお伝えします。

図1　上山地区で共に活動する仲間たち

2．農山村との出会い

　農山村での暮らしに興味を持ったのは2007年の秋ころです。当時は高

校３年生で、大学進学のための受験勉強真っ只中でした。

　その日の受験勉強を終えて、真夜中になにげなくつけたテレビに映ったのは、地方の農山村で暮らす高齢者の日常を取り上げたドキュメント番組でした。番組のなかでは、娘、息子たちが皆一様に都会に出てしまったために、一人暮らしをしているおじいちゃん、おばあちゃんたちの暮らしの様子が放送されていました。そこでは車の運転免許を持っていない高齢者の買い物の不便さなどにも触れられており、「日本の農村は人口が減ってさみしい地域」「暮らしにくい地域」といった印象を植え付けられたことを今も覚えています。「日本の農村地域はこれからどうなっていくのか」といったナレーションで番組が終わり、「いや、本当にどうなっていくんだ…」と、高校生ながらに一人テレビに突っ込みをいれていました。

　番組制作側が農村のネガティブな課題に強く焦点を当てて構成していたことや、当時の自分があまりにも地方の暮らしに対して無知だったことは前提としてありますが、東京で祖父母と同居し、８人家族で不便なく育った自分からすると、同じ日本のなかでもまったく違う住環境、家族条件で暮らしている人がいることを知り、衝撃を受けた一夜でした。

　結果的に、そのドキュメント番組を見たことがきっかけとなって、当初はまったく志望していなかった「地域づくり」や「高齢者福祉」について学べる法政大学現代福祉学部を受験し進学しました。学内では農山村政策論、地域資源管理論が専門で、現在では中山間地域等直接支払制度に関する第三者委員会で委員長を務めている図司直也教授のゼミで学びを深めました。また、学外でのサークル活動では、大学周辺の一人暮らし高齢者を主な対象として、毎月100世帯ほどに案内状を送り、引きこもりの予防や転倒予防体操の普及を兼ねたサロンを開催しました。お茶を飲み、話をしながら、学生と地域住民とが交流する場づくりを行っていました。

３．地域おこし協力隊として現場へ

　2010年（大学３年次）、机上で学ぶだけではなく、実際に地方の農山村に移り住み、自身でその暮らしを体験し学びたい、という思いが芽生えます。何か地方に飛び込める制度はないかと図司教授に相談すると、発足から間

もない「地域おこし協力隊制度（総務省主管）」を紹介していただきました。

地域おこし協力隊制度は、都市部から過疎高齢化の進む地方への移住や地域の活性化に寄与する活動を支援し、その後の定住定着を狙いとするもので、任期は3年です。私が地域おこし協力隊としての移住を検討した2010年は、制度発足からまだ2年目のときでした。総務省の発表によると、当時の全国の受け入れ自治体数は90、隊員数は257人でした。2022年度には全国各地1,118の自治体が受け入れを行い、6,813人が活動をするまでになりましたが、当時は募集地域が少なく、そのあと地域に定住するかもわからない休学してやってくる学生を受け入れてくれる地域があるのか、望み薄ながらに応募をしました。

すると、岡山県美作市は学生でも採用可能と連絡をいただき、2010年7月に東京から岡山へ移住して、岡山県美作市の地域おこし協力隊として活動をすることになりました。当初は1年だけの予定でしたが、結局のところ大学を2年休学し、残りの1年は岡山から東京まで毎週2日通うことで、3年間の地域おこし協力隊の任期と大学生活とを両立しました。

美作市地域おこし協力隊の任期中の主な活動は、棚田の再生です。かつて8,300枚の棚田を誇っていた上山地区において、数十年放棄され荒廃した棚田を、地域住民や外部人材、団体と協力して蘇らせていきました（図2、3）。

図2　荒廃した棚田

図3　よみがえった上山の棚田

そのほかにも、森林整備、空き家の活用、都市農村交流促進のための
イベント企画や PR、農村文化（炭焼き・祭り・獅子舞など）の継承、と
活動は多岐にわたり、「そこで暮らす経験ができれば」と考えていた就
任当初からは想像もできないほど多くのことを経験しました。

特に活動当初は、数十年放棄され、3ｍ以上の笹薮に覆われた棚田で
の草刈り作業ばかりに従事していたため、草刈り技術は数年で一気に向
上し、地域のベテラン農家さんから「あんたは草刈りのプロじゃな」と
いわれるほどになりました。

そうした活動の合間で、「人を見かけたら車を止めて挨拶＋少々の雑
談」という自分ルールを徹底し、農山村の日常で出会う人出会う人から
お話を聞きました。また、大学のサークル活動としてやっていたサロン
活動を上山地区でも同様に企画して、毎月集まった方から上山の昔話や
今の困りごとなどを聞き、10年近くなくなっていた夏祭りや獅子舞の復
活にもつなげることができました。

時には地域の方の家に泊めていただくこともあって、上山のじいちゃ
んたちとお酒を飲んで語らい、一緒にコタツでひっくり返って朝を迎え
た経験は今の暮らしや仕事の礎となっています。当初、課題ばかりの地
域だと思っていた農山村ですが、そこにいる人たちと共に暮らしていく
なかで地域が持つ豊かさに気づき、次第に自分もここで暮らし続けてい
きたいと思うようになっていきました。

4．みんなの孫プロジェクトの立ち上げ

ここまで長い導入となりましたが、これらの経験がこれからお伝えす
る「みんなの孫プロジェクト」の立ち上げに大きな影響を及ぼしていま
す。

地域おこし協力隊の任期中は、美作市を通して年間200万円の給与を
いただき、150万円を上限に活動経費を使うことができました。自治体
にもよりますが、現在の給与や活動経費はさらに増額しています。

しかし、任期終了後の4年目以降も地域に残って暮らしていくために
は自活していかなくてはなりません。地元企業や自治体への就職なども

卒業後の進路の選択肢としてはありますが、私はNPO法人英田上山棚田団の理事として、協力隊時代から続けてきた上山地区の棚田を活用した事業を継続することと、自分なりの事業を興し、稼ぎを生み出して地域に定着していくことを選択しました。

　個人、法人含めて岡山県内外で複数の事業に携わっていますが、そのなかの1つとして、農山村地域の課題解決につながればと企画したものが、高齢者の生活支援を行う「みんなの孫プロジェクト」です。

　2010年に移住して農山村で暮らしていくなかで、まず驚いたのは、高齢者の方々が日々たくさんの仕事をこなしているということです。高校生の時にドキュメント番組で見たような弱々しい高齢者の姿ばかりがそこにあるのではなく、80歳、90歳を超えても田畑を耕し、家周りや山林、広いお墓の管理を行う人々の姿が数多くありました。そういった方々からはたくましさを感じる一方で、さらなる高齢化や一人暮らし世帯の増加などによって、作業が困難になってきている実態も目の当たりにしています。

　そこで、農村地域における暮らしの困りごとを、地域に根付こうとしている若者が引き受けていくことで、1つの稼ぎが生まれるのではないかと考えました。

　そう思うに至った経緯としては次のようなことがあげられます。

① 　地域おこし協力隊としての任期中、休みの日には副業が認められていたため、個人からの頼まれごとで草刈りをしてお金をいただく経験があったこと。

② 　個人宅からの草刈りの依頼はシルバー人材センターなどが中心となって受けていますが、地域の高齢化もあって「自分より年上のシルバーさんに来てもらうのは申し訳ない」という声や、「高所や斜面の厳しい箇所での作業については若い人に頼みたい」という声があったこと。

③ 　上山の周辺地域においてシルバー人材センターの担い手が減ってきているということ。

　これらの実情から事業化の可能性を感じていました。都市部において

も地方においても「何でも屋」「便利屋」というような業態をしている方は一定数いて、自分が考えていた事業内容的にもほぼほぼ便利屋と呼べば済むものではありました。ただ、せっかく1から事業を考えるのだから、オリジナル性やおもしろさを追加してやっていきたいと思い、まずはネーミングからいくつか案を出してみることに。

「孫の手プロジェクト」「暮らしの助っ人」などなど。なかなかいい案が出ないなか、上山のおばあちゃんとの会話のなかで「あんたはみんなの孫みたいなもんじゃ」との発言が。「それ、いただきます！」と即採用で、プロジェクト名は「みんなの孫プロジェクト」に決まりました。

そうして決まったネーミングに引っ張られるようにして、そこからはアイデアが次々に生まれていきます。みんなの孫プロジェクトにおいては「依頼者⇔作業の請負人」という関係ではなく「おじいちゃん・おばあちゃん⇔孫」のような関係性を、依頼を通して築いていけるようにしたいと考えて事業内容を練っていきました。また、こちらが狙いとしていた対象を高齢者に絞ることにも「孫」という名が役立っていて、基本的に60代以上の方からの問い合わせが9割を超えています。

5．大きな特徴は「話し相手にもなる」ということ

プロジェクトを立ち上げるまでに、高齢者の方、特に独居世帯の方からは「話をしたい」というニーズが強くあることを様々な場面で体感してきました。それは移住してからの日々のコミュニケーションや、大学時代のサークル活動で地域の方々と交流をしていた時に感じていたものです。大学では福祉学部だったこともあり、「傾聴」を学び実践する機会にも多く恵まれてきたことから、依頼された作業をこなすなかでも取り入れていこうと考えます。

依頼主の方にはこちらから「無理のない範囲で一緒にお茶を飲んだりご飯を食べたりする時間を設けること」をお願いしています。積極的にコミュニケーションを取る時間を確保することで、「おじいちゃん・おばあちゃんと孫のような関係性」を築いていくことができ、「草刈りの合間にお風呂の温度の設定を変えてくれないか？」「ちょっとこの米を

倉庫に動かしといてくれないか？」という、それ単体では普通は依頼をしないようなお願いも頼みやすい関係性が生まれていきます。(図4)

　細々としたニーズでも、草刈りのように対価をいただきやすい仕事と合わせて、「ついで」に対応できるのです。もちろん、ついででいわれたことをすべて無料でやっているわけではなく、ついでの頼まれごとが特に技術やほかの機械を必要とする作業の場合は別の依頼として追加料金をいただくか、日をあらためて訪問するように線引きしています。

　また、お話することを通して「地域の伝統文化や農村で暮らす知恵を継承」につなげていくことをめざしている点も特徴の1つです。

　日本の農山漁村で長年培われてきた伝統・文化、生活の知恵は、地域のなかでの大きな魅力です。技や知恵を蓄えてきた方々から教えを請うことができるタイムリミットは刻一刻と迫ってきています。依頼主であるおじいちゃん、おばあちゃんからお話を聞くことは、話がしたい欲求を満たすだけではなく、それらを引き継いでいくことにもつながっていきます。

　高齢化が進み、待ったなしの農村地域の現状においては「若者の稼ぎをつくること」と「次世代に地域の魅力を残していくこと」は並行して行っていく必要性を感じています。

図4　筆者と依頼主のおじいちゃん

6．日頃の経験のおすそわけ

　依頼をいただくうえで大事にしているのは、自分たちが農村地域で暮らすなかで日常的に経験している作業の範疇で引き受けるということです。草刈りや木の伐採、田んぼや畑での農作業のサポート、獣害の対策などは自身が農林業をしていくうちにある程度まではスキルを得ることができます。そういった人材でチームを組み、依頼を引き受けることで、依頼内容や話の意図をしっかりと理解することができ、効率のよい仕事にもつながっていきます（図5）。

　いつも依頼してくださるおばあちゃんからは「普段農作業をしている人がお手伝いに来てくれるから、こちらのいっていることもよくわかってくれて、話も弾み楽しく作業ができています」といった声もいただいています。

　依頼内容によっては無理をして引き受けず、「ここから先は専門の業者や職人さん、医療福祉の専門職の方に任せた方がいい」とはっきりいえることが活動を続けていくうえでは重要なポイントです。

　そのため、地域の建設会社さんや福祉事業に従事されている方々とのつながり作りも積極的に行っており、事業のブラッシュアップのために開催した勉強会では、建設会社の社長さんや地域包括支援センター、介護事業所の職員さんにも参加していただき、里山を取り巻く環境やサービスについてのアドバイスをいただいています。

図5　草刈り作業後の集合写真

7．対象地域を広げすぎないことによるメリット

　私たちは、自分たちも上山の棚田やその周辺で農林業を続けながら、その合間で農村地域の高齢者の困りごとの解決に伺っています。自分たちが活動する場所からあまりにも離れすぎた土地に行ってしまうと、足

図6　孫プロジェクト活動範囲（左）広域（右）詳細

元の地域を守れず農林業も続けていけません。そこで、対象地域は約30分以内で行ける地域に絞って広報を行い、活動しています（図6）。たとえば、ゲリラ豪雨の際にはすぐに戻って田んぼを見回ることができたり、火災があれば消防団ですぐに出動することもできたりします。

　また、近隣地域に住む方なら「美作市上山の棚田で若い人たちが農林業をしていること」を知ってくれている方がほとんどのため、「あの棚田で活動をしている子たちなら任せてみようか」と、こちらの素性をある程度知ったうえでご連絡をいただくことがほとんどです。高齢者への詐欺被害などが多発している昨今では、自分たちが何者なのかをしっかりと知っていただくことが、安心して依頼していただくための第一歩だと考えています。

　新聞への折込みチラシの活用と口コミでの広報がメインとなっており、新聞社に折込みをお願いする際には上山から30分で行ける地域を細かく選定し、7,000世帯に折込みをしています。近場での依頼になるため、不必要に高い交通費を料金に乗せなくてもいいこともメリットの1つではないでしょうか。

8．老若男女が価値を感じられる活動に

　みんなの孫プロジェクトは高齢者のためだけにあるのではなく、農村地域で暮らしていきたいと考えている若者にとっても価値のあるプロジ

ェクトとなることをめざしています。

　単に「お金が出るから」ということではなく、依頼主の方の経歴や雰囲気、依頼内容、高齢者とのコミュニケーションなど、仕事の話を振ったときにメンバーがおもしろがってかかわってくれそうか、ということを意識しながら依頼を受け、仕事を割り振りしています。

　子や孫の多くが都会に出てしまっている地域の実情のなかで、本来であれば継承せずに時代とともに消えていったかもしれないモノやコトを次世代へ継承する時間を持つことの貴重さ、その価値観を楽しめる仲間との協力体制は孫プロジェクト継続のためには欠かせないものです。

　美作市の上山という棚田地域で、それぞれ起業して事業をしている面々ばかりですが、隙間時間で小さな稼ぎと地域を知るきっかけを持ってもらえればと思い、みんなの孫プロジェクトを運営しかかわってもらえるよう活動を続けています。

9．依頼内容の内訳や料金設定

　依頼内容で多いのはやはり草刈りとなっており、年間で200件ほどいただく依頼の半数を占めています。次いで多いのが畑作業のサポートです。特に一人暮らしになった女性から、昔は旦那さんがしてくれていた耕耘作業や獣害柵の設置など、力がいる作業のサポートを依頼されることが多いです（図7）。

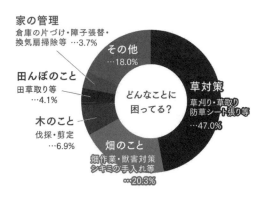

図7　依頼種類別にみた割合

料金は、草刈りで1時間当たり2,000円（交通費別）から、畑作業のサポート等軽作業の場合は1時間当たり1,500円（交通費別）としています。木の伐採は条件によって難易度や使用器具（チルホール等）も異なるため、都度見積りを提示し事前に伝えています。

料金設定はやはり一番の悩みどころで、シルバー人材センターや地域の建設会社の社長さんからのアドバイスを参考に決めています。最寄りのシルバー人材センターで事務局を務める方からお話いただいたこととしては「シルバーと同じ金額にすると若い方に依頼が集中するだろうから、高めに設定してくれないか」ということでした。こちらとしても年金をいただきながら作業をしている方々とは同じ金額ではやれませんし、建設会社の社長さんからも1日の作業単価について意見をいただいていたので、そうした声を参考にしながら決めています。いろいろと物価があがっている昨今ではここからの値上げも検討しているところです。

コロナ禍では都会に住んでいる娘さん、息子さんが実家に帰省できないために、代理のお墓参りの依頼が増えました。こうした社会情勢による依頼の変化にも引き続き対応していきたいと考えています。

10. おわりに

「歳をとったから施設に入ろうか」「娘、息子のいる街で一緒に暮らそうか」と、最終的にはそういった判断になることは致し方ありません。でも、自分が本来暮らしていたい場所に1日でも長くいられることこそが、幸せに暮らすことの大きな要素であると私は考えています。

農山村地域での日常の困りごとに向き合いサポートするなかで「もう少しここで暮らしてみよう」「いざとなったら頼れる人がいる」という感覚を持っていただけるよう今後も活動を続けていきます。そうすることが、これから農村地域で暮らしていきたい若者たちにとっても里山で暮らす知恵や経験をおすそわけしていただく機会をつくることになり、次の世代にも地域が持つ豊かさを引き継いでいくことになっていくのではないでしょうか。

（2023年11月号掲載）

第 10 章

農に学ぶ
美唄市グリーン・ルネサンス推進事業の取組みによる「地域の教育力」

作家・拓殖大学北海道短期大学 客員教授　森　久美子

2022年、北海道空知地方の美唄市教育委員会から、「グリーン・ルネサンス推進事業」で食農教育の講演の依頼を受けた。美唄市では、2010年度から「地域に根ざし、暮らし（生活の場）に学ぶ」に基礎をおく教育プログラムによる農業の実体験活動を行い、「豊かな心」「社会性」「主体性」を育み、子どもたちの将来にわたる生きる力につなげるよう事業を進めている。 講演の打ち合わせで、美唄市の同事業のコンセプトが非常に明確であることに、私は感銘を受けた。

これまで全国の様々な場所で食農教育の講演をさせていただいたが、主催者である JA あるいは自治体は「農業の大切さを理解してもらうためにイベント等を行っているが、毎年代わり映えがなく、効果が感じられない」という、焦燥感があるように思えた。それを払拭する先進事例として、私は美唄の取組みを評価している。

1．地域の教育力　〜「地域に根ざし、暮らしに学ぶ」

日本の農業は今、少子高齢、人口減少による担い手不足、食生活のグローバル化などの大きな時代の波のなかで、地方は厳しい状況に置かれている。美唄市の状況も同様だが、未来を切り拓く力は「地域の持つ教育力」であるという、揺らぎない前提のもとで、美唄市グリーン・ルネサンス推進事業が行われている。

地域に生きる人々が、これまで培ってきた知恵や経験を活かし、共に

学び、支え合いながら、地域社会の課題を解決するとともに、その生きる力をしっかりと次代を担う子どもたちに伝えていく。

　幼稚園、保育園の先生と保育士、小学校、中学校の先生が、食農教育の授業を組み立て、児童、生徒が単に農業体験をするだけでなく、自主的にわからないことを調べたり、質問したりしながら、農業とは何かを考察していく。

　学校の先生、教育委員会のほかに、シルバー人材センターの方も、地域の未来のために尽力して農業体験が行われていることにも大きな価値がある。しかし、特筆すべき点は、小学生の時に食農体験をした地元の高校生が、指導者として活躍していることだ。

　幼児から、小中高生、そして教育者たちが縦の糸でつながっている事例は、全国的にかなり稀なケースである。

　圃場を提供する農家、特にJA青年部の方々の協力も大きな力となっている。私の講演を聞きに来てくれていたJA青年部の方々に、講演後に質問した。

　「忙しいなかで、子どもたちの農業体験の受け入れをするのは、大変ではないですか？」

　すると、ご自分の子どもが小学生だという農家の方が、笑顔で答えてくれた。

　「全然大変でないです。俺、農業を好きでやっていますから、自分の子どもだけでなく、地域の子どもたちに農業を好きになってほしいので」

　子どもにとっては、生まれ育った地域での生活体験が、生涯を通した豊かな記憶として生きる力の糧となる。それに惜しみなく力を貸す農家の誇りが伝わってくる。言葉にしてそれを表現できる農家の自信に、私は心を打たれた。

　本来、子育てや教育は、「子どもたちをどのように育てたいのか、子どもたちに何を伝えたいのか」からスタートしなければならない。それが明確であることは、地域の未来にかかわる重要なアクションとして評価できる。

2．美唄市グリーン・ルネサンス推進事業の取組みのきっかけ

　2007年に福島県喜多方市は、日本ではじめて小学校の授業に「農業科」を組み入れ、副読本を作り、今も取組みを継続している。そのきっかけとなったのは、日本の生命科学の第一人者で、JT生命誌研究館を創設された中村桂子名誉館長が「人間は生きものであり、自然の一部」という事実をもとに、「未来を担う子どもたちが、生きることの本質を学ぶ機会として、"小学校で農業を必須に"」と提唱されていたことだったという。

　中村さんは「経済社会の動きを知るための"株"の勉強より、子どもたちは、大地に育つ"カブ"から学ぶことのほうが大事」と語っている。そうした中村さんの未来を見据えた熱い言葉に共感・共鳴した当時の喜多方市長が、その思いを具体化し、日本ではじめて小学校教育に「農業科」を組み入れることとなった。

　美唄市教育委員会は、喜多方市に足を運び、取組みの内容を取材した。美唄市ではすぐに「農業科」をカリキュラムに入れることはできなかったが、体験学習を実践し「副読本」を作成した。

　2022年、中村さんが美唄市の文化事業で講演をされた際に、「全国で広く一般的に行われている農業の"体験学習"は、あくまで一過性の"体験"の域にとどまるが、学校の授業の「時間割」の中に、"農業"として明記されていることが何より大事である。国語、算数、理科、社会と同じように記載されていることで、子どもたちの心にしっかり"農業"への思いが刻まれ、未来につながることになる」というアドバイスがあったという。

3．美唄市小学校農業体験学習の基本的な考え方

⑴　地域の特色としての農業と児童生徒とのかかわりを伝える

　美唄市は、豊かな平野に恵まれた地域で、炭鉱閉山後は農業を基幹産業として発展してきた。豪雪地帯であるのを逆手にとって、「雪蔵工房」を使ったJAびばいブランド米がある。

「雪蔵工房」とは、環境にも優しい雪エネルギーを活用して、玄米を5℃の低温で貯蔵する施設である。春先の雪を貯蔵室に蓄え、雪が0℃で融解するエネルギーを活用することから、正式名称は「零温玄米貯蔵施設」という。玄米出庫時には、外気と庫内の温度差が大きくならないよう、5℃、10℃、15℃と段階的に昇温調整し、新米の風味を損なわずに届けることができる。

稲作を中心とした道内有数の穀倉地帯である美唄は、「香りの畦みちハーブ米」など、地域の特性を活かした取組みとして、農産物の雪利用冷熱エネルギー保存をはじめ、クリーン農業の推進や米粉の活用、特産品として有名なグリーンアスパラやハスカップ等の園芸栽培の促進など、農産物の高付加価値化やブランド化にも力を注いでいる。

また、商工業や観光などの関連産業との連携を図るとともに、学術試験研究機関等との共同研究を通じた新たな食材の提供をはじめ、農産物加工品などの特産品の開発・商品化や販路拡大、地産地消の推進による豊かな食文化の形成など、「食にこだわったまちづくり」に取り組んでいる。

(2) 市内小・中学校における農業体験学習等の現状

市内に9校ある小・中学校では、それぞれの学校ごとに、地域住民や農業者をはじめ、地元JA、農業関係機関・団体、さらには地元の高校や大学などの支援を受けながら、農業体験学習の充実を図っている。また、地元農産物の導入促進など、学校教育と農業をつなぐ取組みを進めてきている。

4．美唄市小学校農業体験学習実施の意義

(1) 学校教育の現状

児童・生徒の規範意識や社会性の希薄化をはじめ、不登校の増加、自立心や学ぶ意欲の低下、食生活や生活習慣の乱れなど、21世紀を担う子どもたちを取り巻く課題が深刻化し、社会全体に大きな影を落としている。このため、学校現場においては、課題の解決に向けて「豊かな心の

育成」「個に応じた教育」「授業の質的改善」などの様々な面から積極的に取り組んでおり、一定の成果は上げているものの、さらに「生きる力」を育む新たな対応が求められている現状にある。

(2) 農業の教育的効果

　農業は、人と自然との関係のなかで、「土を耕し、種をまき、命を育み、命をつなぐ」という、人間が生きるうえでのもっとも基本的な活動である。昔は全国各地で当然のこととして行われてきた営みから、多くの子どもたちは日常的な風景として、五感を通して様々なことを学んできた。

　しかし、現在の社会では、農作物の生産現場を直接見たり、かかわったりする機会が少なくなったため、子どもたちは農業から多くのことを学ぶことができなくなってきている。そこで、あらためて農業の持つ教育的効果について考えてみると、以下のようなことがあげられる。

① 命について学ぶ

　農業活動を通して、農作物が成長していくことを実感させ、農作物が単なる食べものではなく、「生きるもの」＝「命あるもの」であることを理解させることができる。

　人は、農畜産物の命をいただいて生きていることを、農業活動を通して気づかせ、「命と命のかかわり合い」や「命の大切さ」について理解を深めさせることができるものと考えられる。

② 共生や思いやり、環境について学ぶ

図1　田植え①

農業活動を通して、水田や畑は作物を育てる場であると同時に、多くの生き物が生まれ生活する場であることに気づかせ、人間が様々な生き物と共に生きることの大切さを理解させることができる。
③　ゆとりや持続性・耐性を育む
　農作物を育てることは、すぐ結果の出ることではなく、数か月にわたって世話を続け結果が出るものである。本来、教育にとって重要な「ゆとり」を持った取組みが農業活動では可能であると考えられ、そのなかで意欲を持続させたり、つらい仕事に耐えたりすることなどを通して、持続性や耐性を育てることができる。
④　想像力や判断力・実践力を育む
　農業は自然が相手であり、一生懸命世話しても天災によってその努力が踏みにじられたり、作物によいことと考え、水や肥料をやりすぎれば場合によっては枯れてしまったりすることもある。常に、将来を予測し計画的に世話をしたり、気象状況を予測し、その対策を考え実行したりすることが農業には必要だ。予測して臨機応変に対応する判断力や実践力を育む機会が農業体験学習であると考えられる。

5．美唄市小学校農業体験学習のねらい

　小学校農業体験学習は「地域に根ざし、暮らし（生活の場）に学ぶ」に基礎をおく教育プログラムとして農業の実体験活動を重視した教育を展開する。

図2　田植え②

(1) 豊かな心の育成とほかの生物との共生の観点

　児童は、好き嫌いだけで食べ物を残したり、無造作に捨てたりしがちである。農業においては、農作物は単なる食物ではなく、「人の命をつなぐ大切なもの」であることを学習させる。

　そのなかで、「いただきます」や「もったいない」など日常生活のなかで使われている言葉の意味について考えさせ、人としての必要な感謝の気持ちや慈しみの心を育てていく。

　また、水田や畑に生きる様々な生物とかかわり合うことにより、人間を含め多くの生き物が共に生きる環境とは何か、そのためにはどのようなことが必要かなど、自己中心的な考え方をしやすい児童に、様々な立場に立って考えて行動することの大切さに気づかせる契機を与えるようにする。

　農業活動という直接的な体験を契機に、様々な面から児童の暮らしぶりを見つめ直させ、豊かな心の育成を図っていく必要がある。

(2) 社会性の育成

　農業体験学習においては、土を作り、種をまき、苗を育て、植え付けし、水や肥料の管理、除草、収穫、調理、加工、食、廃棄という一連の活動を通して学習を進めていく。徐々に成長していく作物は、児童にとってかけがえのないものであり、その命は児童の手に委ねられている。

　児童は自分の責任を自覚し、世話をして農作物を育てていくことにな

図3　観察会

る。農作物の栽培は、すぐに結果の出ることではなく、数か月にわたって世話を続けることでよい結果が出るものであり、得られる結果は、児童一人ひとりの努力がそのまま形となって現れるものである。

　数か月にわたる農作物栽培という具体的な体験を通し、児童に責任感を持つことや努力することの必要性を徐々に気づかせ、目標に向かって取り組むことの大切さ、嫌なことやつらいことでも続けることの意味を理解させ、現代の児童に欠如しがちな社会性の育成を図っていく。

(3)　主体性の育成

　よりよい作物を収穫するためには、事前に栽培する作物について調べ、その栽培方法や土壌・天候等の自然について学ぶことが必要である。栽培過程において、その時々の作物の様子をよく観察し、疑問点を調べたり、専門家の指導を受けたりすることが必要となってくる。

　一定の目標を設定し計画を立てて取り組み、その時々に必要な対応策を考える過程において、主体的な学習意欲や取り組む態度が必然的に育成されるものと考えられる。

6．美唄市小学校農業体験学習の目標

① 　農作業の実体験を通して、自然のかかわり合いの複雑さについて理解し、ほかの生き物と共存することの大切さを理解することができるようにする。

図4　稲刈り

② 農作業の実体験を通して、食べることの意味を理解し、生命の大切さを理解できるようにする。

③ 農業に必要な気候、土壌、生物等の基本的な知識を習得するとともに、将来を予測し、計画的に農業に取り組むことができるようにする。

７．小学生の農業体験学習の発表からの考察

私の講演の後に、小学生たちの農業学習の発表があり、その講評を依頼されていた。私は児童たちの真剣な眼差しと、学校やクラスによって違う様々な切り口の斬新さに、大変驚きを持って聞き入った。

とても小学５年生とは思えない発表をできるまで指導した学校の先生たちに敬意を表したいと思った。箇条書きとなるが、児童の発表テーマについて、非常にインパクトの大きかったものを紹介させていただきたい。

①農家の借金について質問し、トラクター、コンバイン、農薬散布のためのドローンの価格と、借金の返済計画について教えてもらい、農業を経営する大変さがわかった。

②機械化されたスマート農業を導入したら、どのくらい休みが取れて、子どもを遊びに連れて行くことができるかなど、スマート農業の労力の削減の効果について知ることができた。

私は、講評をしなければならないのに、児童たちの発表が興味深く、夢中でメモを取っていた。農業の取材をしたり農業関係機関の委員を務めたりしている私だが、「借金はどのくらいあるのですか？」と尋ねたことは一度もない。小学生たちの勇気がうらやましく感じた。

しかし、さらに感動したのは、そのあとの小学生の言葉だった。

「農産物を作るのにはたくさんのお金と労働力が必要なのがわかりました。農家の人たちが、借金を返せるように、この町の農業がずっと続けられるように、美唄の農産物を買う大人になりたいと思いました」

私は、食農教育とは、自分が育った地域が豊かで、楽しく暮らせる地域であってほしいと願う子どもたちを育てることなのだと、小学生に教えられた気がした。

（2023年12月号掲載）

第11章

農協の保育事業の展望
—農村の子育ての課題に寄り添い続けて—

一般社団法人ＪＡ共済総合研究所 調査研究部 主任研究員 福田 いずみ

１．はじめに

　農協[1]が戦後の発足時から現在まで、その時の時代背景を反映した子育て支援に取り組んできたことはあまり知られていない。農協は組合員や地域住民のために、家族総出で農作業を行う農繁期における託児をはじめ、組合員の強い要望で農村に不足していた保育や幼児教育の供給を行っていた時代があった。

　近年は、子ども・子育て支援新制度などを活用した企業内保育所を設立し、農協職員や地域住民を対象とした出産後の就労継続支援を行っている。また、行政や地域と連携して現行の制度ではカバーしきれない農家の実情に寄り添った農協ならではの子育て支援にも取り組んでいる。

　本稿では、これまでに農協が農業と子育ての両立のために取り組んできた子育て支援を展望し、子育て支援に関する制度の充実が図られるなかにおいても、課題を抱え続ける農村の子育てに対する農協の新たな関与と可能性について考えていく。

２．農村の保育ニーズと農協

　戦後の農村部においては、保育所の数が相対的に少なく、自治体財政

※1　1992年以降、農協はＪＡを呼称して使用しているが、本稿内においては戦後からの歴史をふり返ることから「農協」に統一する。

第11章　農協の保育事業の展望　―農村の子育ての課題に寄り添い続けて―

の厳しさと関連して公立保育所の設置が困難な状況であった。1957年に当時の厚生省は特別な保育対策として季節保育所[※2]の設置を認め補助の対象としたが、保育所の数は地域により著しく偏在しており、農村部においてはそれが特に顕著であった。

(1) 農協の託児所

高度経済成長期の農村部は農家の兼業化が進み、主たる農業の担い手である男性がほかの産業で働くことが増えると同時に、女性の農作業の負担が増加していた。また、そのころは急激な近代化によるモータリゼーションの進行や使い慣れない家電製品やプラスチック製品などによる子どもの事故や怪我が多発していた。今まで経験したことのない生活問題を抱えるなか、繁忙化する農村の母親たちが子どもの心配をせずに農作業に集中するためには託児所が必要だったのである。

農協の事業においても、戦後から1960年代半ばくらいまで「生活文化事業」「その他事業」のなかで託児所（農繁期の季節保育所等）に取り組んでいた。表1に示すように、1949年当時は全国に農協の託児所が250

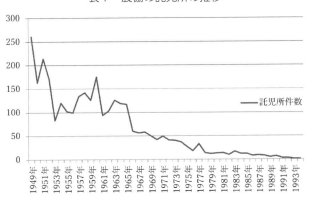

表1　農協の託児所の推移

(出所)
・農水省農政局『農業協同組合統計表』1949事業年度から1963事業年度（生活文化「託児」）調査対象は信用事業を行う農協
・農林水産省『総合農協統計表』1964事業年度から1994事業年度（その他事業「託児所」）

※2　季節保育所の目的：農繁期等地方産業の繁忙期において保護者の労働のための保育に欠ける乳幼児に対し必要な保護を加えて心身ともに健やかに育成し合わせてこれらの福祉増進に資することを目的とする。

か所以上あったことが報告されている。

⑵　母親の保育要求と農協

　子育ての当事者である農家の母親たちの保育に対する切実な願いは、当時の農協婦人部の活動内容や表彰記録等の資料[3]からうかがい知ることができる。そこには、婦人部によって設置された季節保育所を村営保育所に発展させた事例や、婦人部の熱意による助産院の開設など、地域のなかに不足していた保育や母性保護への要求活動を積極的に行っていたことが記されている。

　農協婦人部は国内でも大規模な婦人組織として位置づけられ、政府に対する組織的な働きかけなども行っていた。農協婦人部の全国組織である当時の全国農協婦人組織協議会（全農婦協）は、1964年12月に季節保育所国庫補助金の打ち切り反対と同予算の増額の要求書を大蔵・厚生両大臣に提出し、農協婦人部全組織をあげてハガキ陳情を行い、補助金の打ち切りを撤回させている[4]。

　また、同時期には、都市部の働く母親たちが中心となり「ポストの数ほど保育所を」をスローガンに全国各地で展開していた「保育所づくり運動」への農協の参画が、当時の新聞記事[5]から確認できる。

　1960年代には、組合員の幼児教育に対する関心の高まりや地域住民の要望により、農協の事業として幼稚園や保育所を設立している。保育施設の設立経緯について調査していくと、公立保育所の開設を行政の財政難を理由に農協が肩代わりしたというエピソードが文献から確認できる[6]。

　当時のいわゆる「三ちゃん農業」[7]により保育所の設置が切望され

※3　全国農協婦人組織協議会『全農婦協二十年史　農村婦人と農村婦人部の歩み』1972
※4　三井禮子他編『現代婦人運動史年表』三一書房　1974
※5　1964年11月27日の日本農業新聞「農村にも保育所をと福井県の農協婦人部が中心となり、労評、労組婦人部、働く母の会、連合青年団の関係6団体が「福井県保育所つくり推進協議会」を結成し、全国で初の保育所を要求する婦人の大会が開かれた」と報じた。
※6　全国農業協同組合連合会『施設を中心とした農協生活活動第2』「主婦農業から子どもを守る農協の保育所」pp.117-129　1996
※7　農業の主たる働き手であった男性が出稼ぎや農業以外の仕事に従事するようになったことで、老年者と主婦の「①じいちゃん、②ばあちゃん、③かあちゃん」によって農業が営まれていること。

第11章　農協の保育事業の展望　―農村の子育ての課題に寄り添い続けて―

表2　農協が設立した幼稚園・保育所

都道府県	農協名	施設名	設立年度等
岩手県	湯本農業協同組合	ゆもと幼稚園	1968年設立→学校法人（1977年）
	笹間農業協同組合	ささま幼児園	1971年設立→学校法人（1975年）
埼玉県	いるまの農業協同組合	ふくはら幼稚園	1966年設立→学校法人（2009年）
	水谷農業協同組合	みずたに幼稚園	1966年設立→学校法人（1976年）
神奈川県	さがみ農業協同組合	ごしょみ幼稚園	1966年設立→閉園（2013年）
	相模原農業協同組合	みずほ幼稚園	1969年設立→学校法人（2010年）
愛媛県	今治立花農業協同組合	立花幼稚園	1955年設立→学校法人（1974年）
京都府	京都丹の国農業協同組合	中筋保育園	社会福祉法人へ経営移管（2008年）
熊本県	本渡市農業協同組合	本町保育園	社会福祉法人へ経営移管（1965年）
兵庫県	加古川市南農業協同組合	くみあい保育園	1968年設立

（出所）
・農林水産省『総合農協統計表』「その他事業　託児所」（1964事業年度〜1994事業年度）
・農林水産省『総合農協統計表』「その他事業　幼稚園 保育園」（1995事業年度〜2010事業年度）
・文献、インターネット等により入手した情報を用いて筆者作成

るなか、農協は組合員の生活と地域農業を守るために、こうした農村特有の地域の保育ニーズに寄り添ってきた。この当時設立された施設は、表2で示すとおり、農協合併による事業の見直しや学校法人に移行することで受けられる補助金等の関係が大きく影響し、1970年代に入ってからは徐々に農協の直接的な事業から離れていった。

　当時の施設で現在も農協直営を続けているのは、兵庫県の加古川市南農協の「くみあい保育園」のみとなっている[8]。

3．新制度を活用した農協の保育事業

　1990年代に入り、女性就労の一般化に伴う子育てと仕事の両立の難しさに加え、都市化や核家族化による子育ての不安や子どもの虐待の起因とされる子育ての孤立が社会問題として顕在化し、社会的な子育て支援の整備が求められるようになる。

[8]　加古川市南農協の事例については、福田いずみ「農協の保育事業〜生活インフラ機能としての今日的ニーズ〜」『共済総研レポートNo.142』pp.21-31（一社）JA共済総合研究所 https://www.jkri.or.jp/PDF/2015/Rep142fukuda.pdf を参照

[9]　1990年、前年の合計特殊出生率が過去最低の1.57に低下したことにより、将来の人口構成に大きな影響が出ると懸念された。

113

政府は1990年のいわゆる「1.57ショック」[※9]を契機に1994年にエンゼルプランを打ち出し、1999年に新エンゼルプラン、2002年に少子化対策プラスワン、2003年に少子化対策基本法および次世代育成支援対策推進法を制定するなどして子育て支援の施策を次々と打ち出した。

その後、2015年に子ども・子育て支援新制度が施行され、その翌年には児童福祉法が改正されるなど、わが国の子育てに関する施策は戦後最大の転換期を迎えた。農協においても新たな制度を活用した保育事業に参入する動きがみられるようになる。

(1) 子ども・子育て支援新制度の活用

子ども・子育て支援新制度の施行により、従来からの保育制度のほかに認定子ども園や地域型保育事業が加わった。農協においても2016年4月に秋田おばこ農協が、地域型保育事業[※10]を活用した事業所内保育所「おばここども園」を開設している。農協の組織全体でいえば、以前から各地の厚生連病院が医療従事者の子どもを預かる事業所内保育所を設置しているが、筆者の知る限り単位農協としては初の試みである（2024年3月末をもって閉園）。

① 「おばここども園」（表3）

秋田おばこ農協の担当者によると、近年は女性職員が出産後も仕事を続ける傾向にあり、育児休業

表3　おばここども園概要

沿革	2016年4月1日　秋田おばこ農協　四ツ屋支店の敷地内に事業所内保育施設「おばここども園」として開設	
外観		
環境規模	敷地面積	1,896.99㎡
	園舎面積	113.45㎡
	保育室	57.97㎡
定員	15名（0歳児〜2歳児）	
在籍児	在園児　5名（0歳児2名、1歳児3名）	
職員	園長、保育士（5名）、栄養士（1名）、調理員（1名）	
保育料	自治体の定めた保育料（市民税に応じた額）	

（出所）・秋田おばこ農協提供資料より筆者作成
　　　・在園児数、職員数については、2023年11月時点のもの

※10　地域型保育事業には小規模保育事業、家庭的保育事業、事業所内保育事業、居宅訪問型事業がある。

114

からの復帰率も非常に高くなっていることから、「おばここども園」の運営目的を職員の就労継続支援としており、保育定員のなかに設けた「地域枠」を地域貢献と捉え、職員以外の利用者が農協に対する理解を深め、親しみを持ってくれることを期待しているとのことである。

「おばここども園」は小規模な保育施設ならではのアットホームな雰囲気に加え、開設当初から経験豊富な人材を園長として置くなど、認可保育所としてしっかりとした運営がなされてきた。また、当該施設は待機児童が発生しやすい3歳未満児が対象の保育施設であるため、特に職員以外が利用可能な「地域枠」は待機児童解消の受け皿として地域の子育て支援に貢献してきた。

② 事業所内保育所のメリット

事業所内保育所の最大のメリットは、妊娠中あるいは出産後の体力的に厳しい時期に職場復帰への不安な気持ちを抱えながら、役所などに何度も訪問し情報収集するといった苦労をせずに、職場の人事担当が出産・育児休職からの復帰サポートを一元的かつスムーズに行ってくれることである。

事業所内保育所は、従業員の福利厚生として運営され、従業員の子育てを支援して職務に専念できるようにすることが目的であるため、運営者と利用者が同じ方向を向いているという点が特徴であり、それが結果的に子どもを産み育てていくことへの安心感とともに仕事への意欲向上を促すことにつながっていくと考えられる。

(2) 企業主導型保育事業

保育所待機児童問題の解消に向けて2016年度に内閣府が創設した企業主導型保育事業は、事業主拠出金を財源とした認可外の事業所内保育所に対する助成制度である。都道府県の認可を受け、市町村の事業として実施される認可保育所と違い、自治体の関与を必要とせず企業の発意によって設置することが可能なため、迅速に事業所内保育所を開設できることに加え、認可保育所並みの助成金を受けられるという点が発足当初から注目されていた。

① 農協における企業主導型保育事業の活用状況

農協においても、厚生連病院や単位農協が企業主導型の制度を利用した保育所を開設している。表4に示すとおり、設置数は厚生連病院が3か所、農協が3か所の合計6か所となっており、いずれの施設も職員の福利厚生を目的とした単独設置型[11]の施設である。農協が設置者となり、保育施設の運営については保育の専門業者や社会福祉法人に委託している。また、6か所のうち2つの施設では地域枠を設けて地域貢献につなげている。

② 農協が企業主導型保育事業にかかわる意義

農協が運営している企業主導型保育事業による保育施設のなかで地域枠を設けている「おおいがわ農協」と「えひめ中央農協」の保育所を訪れた際のヒアリングでは、いずれも基礎自治体との事前協議を十分に行い、地域の保育ニーズを考慮したうえで開設を決めていた。

また、保育事業に強い企業や信頼性の高い地元の社会福祉法人への運営委託を行うことで、この制度が発足した当初から自治体の関与を必要

表4　企業主導型事業を活用した所内保育所の運営

北海道厚生連　帯広厚生病院	「どんぐり保育所」	定員・100名	地域枠・無
整備費助成決定日　2017/12	運営費助成決定日　2018/11	委託先　ふれ愛チャイルド	
新潟県厚生連　長岡中央総合病院	「たんぽぽ保育園」	定員・24名	地域枠・無
整備費助成決定日　2016/ 9	運営費助成決定日　2017/ 3	委託先　㈱ライクアカデミー	
遠州中央農協	「事業所内保育所ときめき」	定員・19名	地域枠・無
整備費助成決定日　2017/ 7	運営費助成決定日　2018/ 4	委託先　㈱ニチイ学館	
おおいがわ農協	「茶果菜保育園とよだ」	定員・18名	地域枠・有
整備費助成決定日　2017/ 3	運営費助成決定日　2017/ 8	委託先　㈱ニチイ学館	
えひめ中央農協	「おひさま保育園」	定員・18名	地域枠・有
整備費助成決定日　2017/11	運営費助成決定日　2019/ 2	委託先　(社福) 育和会	
鹿児島県厚生連　鹿児島厚生連病院	「院内保育所」	定員・12名	地域枠・無
整備費助成決定日　2016/11	運営費助成決定日　2018/ 4	委託先　㈱アイグラン	

（出所）企業主導型保育事業ポータルサイト（児童育成協会）「企業主導型保育事業助成決定一覧」http://www.kigyounaihoiku.jp/　より筆者作成

---

[11]　企業主導型保育事業には、事業主が従業員の福利厚生のために単独もしくは共同で設置する単独設置型・共同設置型、事業主が設置し他企業の従業員の利用を認める共同利用型のほかに保育事業者が設置する保育事業者設置型がある。

第11章　農協の保育事業の展望　―農村の子育ての課題に寄り添い続けて―

としない点で問題視されていた保育の質や安全確保についてもしっかりと担保されており、農協がこの事業の本来の目的に丁寧に向き合っていることが伝わってきた。

えひめ中央農協の「おひさま保育園」は、地域の人たちでにぎわう直売所に隣接し、カフェやレストランが入った農協の複合施設「みなとまち　まってる」のなかにあり、子どもから高齢者までの様々な世代が農協の施設を訪れるきっかけになることが期待されている。

農協にとって事業所内保育所の存在は、職員の出産後の就労継続支援だけでなく、新規採用時においては「子育て支援が充実した職場」というイメージづくりも期待できるであろう。

また、地域貢献という意味においては、農協の保育所を地域の子育て世代が利用して農協に親近感を持ってもらうことがもっとも直接的な効果であると考えるが、農協という地域に根差した団体が子育て支援に参画することで、地域からの信頼をさらに高めることにもつながっていくのではないだろうか。

４．農協の保育事業への新たな関与

農協の保育事業の立ち上げの経緯を見ていくと、地域の必要性に応えるかたちで行われてきたが、農協の保育への新たな関与として筆者が注目しているのは、行政と連携して都市部とは異なる農村の保育ニーズへの対応を行っている北海道の計根別農協の取組みである。

(1)　計根別農協の子育て支援

計根別農協は、北海道標津郡中標津町と別海町をエリアとする酪農と畜産が中心の純農村地帯にある農協である。近年は地域外からの新規就農者の受け入れを積極的に行っており、定着に向けたきめ細やかなサポートによって実績を上げている。このような地域農業の担い手を支援するという農協の問題意識が子育て支援にもつながっている。

①　行政機関等と連携したニーズの掘り起こし

計根別農協は2016年から基礎自治体の中標津町をはじめ、根室振興局

や農業改良普及センターなどの行政機関と連携をとりながら酪農家の子育て支援に取り組んできた。

具体的には、酪農家女性の子育ての実態調査を行い、その結果を踏まえて子育て支援や保育の必要性を認識し、2017年11月に子育て世代の交流を目的とした「親子サロン」を実施した。

その後、そこに集まった参加者からの意見をもとに農協と中標津町が連携して一時預かり[※12]を検討し、2018年1月から農協の事務所内でNPO法人による[※13]乳幼児の一時預かりを開始した。事前に「親子サロン」を開催したことで移住を伴う新規就農者であるがゆえに、近隣に頼れる家族や知り合いがいない、保育所もないという環境下での農業と子育てを両立する厳しさや、地域に幼稚園はあるが保育所がないことでの3歳未満児への保育要請が明らかになり、農協としても若い農家の子育てをサポートしていきたいと考えた。

中標津町においても、計根別地区に保育所がないことや児童館の老朽化に伴う課題を抱えていたため、中標津町と共に利用可能な施設を検討した結果、遊休施設となっていた旧NOSAI道東の建物を農協が譲り受け、町が改修して利用することとなった。このような経過を経て2019年

図1　計根別こども館えみふる

※12　児童福祉法第6条の3第7項の定めにより、国の事業として自治体が主体となって行う。保育所や子育て支援拠点などで必要に応じて子どもの預かりを行う。「一時保育」ともいう。
※13　農協が「NPO法人　子育てサポートネット　る・る・る」による出張託児を依頼。

４月から児童館機能と農協が行っていた乳幼児の一時預かりを一元的に行う「計根別こども館えみふる」がスタートした。（前頁図１）

② 農業者の子育てを支援するために

「計根別こども館えみふる」における一時預かり事業の実施主体は中標津町である。計根別農協の管内は中標津町と別海町にまたがるため、別海町に居住する組合員もこの事業を利用できるように農協が中標津町と協議し、利用料収入で人件費が賄えなかった場合の不足分を農協が負担するということで、利用定員に「ＪＡ枠」[14]を設け、定員10名中の６名分が設定された。「ＪＡ枠」の利用に関する窓口は農協が行い、予約を取りまとめて中標津町の担当者につなぐ役割を担っており、行政と連携しながら農業者の子育てを支援している。

農業者にとって身近な存在である農協が、農村地域特有の子育てのニーズを把握し、安心して農業に従事できるよう行政と連携しながら子育て支援事業につなげた計根別農協の事例は、地域に根差した農協ならではのコーディネート力であり、農業者への理解が生み出した新たな子育て支援へのかかわり方であると考える[15]。

5. おわりに

現在、子どもに関する新たな制度の創設や法改正によって子育ての環境整備が進んだかのように見えるが、都市部における保育の課題に焦点を当てた保育制度改革の議論の影で、農村の子育てに関する議論は十分になされたとは言い難い。

本稿で述べた計根別農協の事例からもわかるように、制度の充実が図られても制度の狭間にある地域特有の子育てのニーズは存在する。企業などに雇用されて働く母親に比べて顕在化しにくいといわれる農家の母親の子育ての問題は、一番ケ瀬（1969）[16]をはじめとする研究者等がか

---

[14] 農業従事者などの農業関係者が優先的に利用できる定員枠。
[15] 同じく北海道の別海町にある道東あさひ農協では酪農関係者の子育てを支援する民間組織の「別海子育て支援スペース MILKIDS（みるきっず）」の運営支援や町のファミリーサポート事業の一時預かりや送迎などを利用した際の助成金制度を設けるなどして組合員や女性獣医師の子育てを支援している。
[16] 一番ケ瀬康子『児童福祉論』国土社　1969　pp.121-122

なり前に指摘しているが、時代背景が変わっても農村の子育ての問題の根底にあるものは、現在もあまり変わっていないのではないか。

　農業の担い手不足が深刻化するなか、女性の活躍が期待されている。若い世代の経営継承や労働力を確保していくためには、安心して子どもを産み育てられる環境づくりが非常に重要であり、地域農業を存続させていくためにも必要なことである。その意味で、農業者の仕事や生活状況をよく知る農協と行政が連携し、地域の実情に合わせた支援を作り上げていくことが農業と子育ての両立支援へとつながっていくと考える。

　将来的に農業が仕事と子育てを実現できる魅力ある職業として選択されていくことを期待したい。

（2024年1月号掲載）

終　章

協同組合人として
職員みんなが活躍するＪＡをめざして

一般社団法人日本協同組合連携機構 基礎研究部 主席研究員　西井 賢悟

１．やりがい・成長実感に有意差あり

　本稿ではJAで働く職員に焦点を当て、仕事のやりがいや自らの成長を実感しながら働くことができるJAづくりの具体策について考えることとする。

　今、日増しに「ダイバーシティ」に対する注目が高まっている。その大きな背景にあるのは、わが国が人口減少局面を迎えて久しくなり、労働市場の売り手市場化の様相が強まっていることだろう。多くの企業において、雇用者の確保はかつてない困難な状況を迎えており、それはJAも例外ではない。

　ダイバーシティとは「多様な人材」を指す言葉であり、「多様な人材を適材適所で活用する」ことがダイバーシティ経営の基本である（尾崎俊哉『ダイバーシティ・マネジメント入門』、ナカニシヤ出版、2017）。もしもJAがすでに同経営を実現できているならば、少なくとも現在の職員間において、やりがいや成長実感に大きな差が出るようなことはないだろう。実際はどうであろうか。

　次頁表１は、JCAが2015年〜16年（当時JC総研）にかけて全国10JAの正職員に行ったアンケート調査のなかから、「仕事に対してやりがいを感じている」（表では「やりがい」と表記）と、「仕事を通じて自己の成長を実感している」（同「成長実感」と表記）という設問について（各5

121

表1　性別・年齢別に見たやりがいと成長実感

| | やりがい | | | | | 成長実感 | | | | |
| | 男性 | | 女性 | | | 男性 | | 女性 | | |
	回答数（人）	①点数（点）	回答数（人）	②点数（点）	①－②	回答数（人）	③点数（点）	回答数（人）	④点数（点）	③－④
全　　　体	2,006	3.91	1,082	3.66	0.25＊＊	2,007	3.72	1,082	3.57	0.15＊＊
29歳以下	410	3.83	463	3.63	0.20＊＊	412	3.89	462	3.68	0.21＊＊
30歳　代	469	3.96	241	3.55	0.41＊＊	470	3.82	241	3.48	0.34＊＊
40歳　代	553	3.95	256	3.76	0.19＊	552	3.75	256	3.52	0.23＊＊
50歳以上	574	3.89	122	3.8	0.09	573	3.51	123	3.47	0.04

注：＊＊は１％水準、＊は５％水準で有意を表す。

段階尺度）、性別・年齢別に集計した結果である（５点満点、中間点３点）。

　同表によれば、やりがいは男性全体では3.91点、女性全体では3.66点、成長実感は男性全体では3.72点、女性全体では3.57点となっており、どちらも男性が有意に高くなっている。表を見る限り、こうした状況は新人の時から40歳代まで続き、キャリアの終盤において解消に向かうようである。

　「女性活躍」はわが国のダイバーシティをめぐる主要課題の１つであるが、表に示される結果は、JAにおいてそれが課題であり続けていることを示唆している。そしてJAにおいては、おそらく部門間や渉外・窓口といった役割間でもやりがい・成長実感には大きな差があるのではないだろうか。JAにおけるダイバーシティ経営は、まだ実現には至っていないのが現状といえるだろう。

２．育てるべきは協同組合人としての職員

　ところで、昨今のダイバーシティの議論で気になるのは、そこでの中心を賃金・処遇等の格差是正や、多様な働き方に関する制度整備などが占めていることである。たしかにそれらはダイバーシティ経営の実現に不可欠なものであろう。ただしそこに終始するのではなく、各種の見直しや制度の整備を図ったうえでどのような人材を育てるのか、この点についての議論と具体策がなければ、真の組織発展を帰結することはできないのではないだろうか。

　筆者はJAが育てるべきは「協同組合人としての職員」であると考え

ている。協同組合の大きな特徴は、所有者・利用者・運営者の三位一体的性格を持つ組合員が存在していることである。もしも職員が組合員をないがしろにするならば、それは企業において従業員が顧客を粗末に扱い、さらには社長や株主の言うこともまともに聞かないような組織であることを意味する。そのような組織が生き残れるはずがない。

このように、協同組合の特徴から必然的に導き出される答えが、職員は「組合員を基点に考え、行動しなければならない」ということであり、そのような職員こそが協同組合人であると考えている。では、今のJAに協同組合人はどの程度存在しているのだろうか。

前述のアンケート調査では、協同組合理念の仕事への反映状況を3つの設問（各5段階尺度）で把握することを試みた。当然のこととして、3つの設問の平均点が高い人ほど、協同組合人としての性格を強く帯びているといえる（最高点5点、中間点3点）。そこで具体的に、4点以上の人を高次・協同組合人、3～4点の人を中次・協同組合人、3点未満の人を低次・協同組合人と位置づけ、その割合を算出したところ、高次13.8％、中次32.4％、低次53.9％となった。低次が5割を超えている現状は、決して好ましい状況とはいえないだろう。

次に、高次・中次・低次別に前述のやりがいと成長実感の点数を算出した。その結果、高次・中次・低次の順に、やりがいは4.34点、3.92点、3.63点、成長実感は4.14点、3.73点、3.51点となった。この結果は、協同

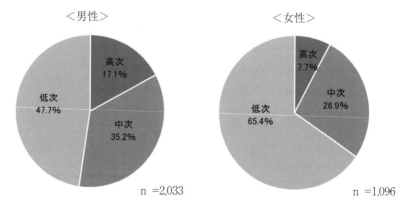

図1　男女別に見た高次・中次・低次の協同組合人の構成割合

組合人としての性格を強く帯びるほどやりがいや成長実感が高まることを示している。前頁図1は、男女別に高次・中次・低次の構成割合を示したものだが、女性において高次・中次の割合が低い一方で低次の割合が高くなっており、前述した女性のほうがやりがいや成長実感が低いという結果と符合している。

　以上の結果は、ダイバーシティ経営を実現していくうえで示唆的である。仮にダイバーシティ経営を「だれもが仕事のやりがいや自らの成長を実感しながら働くこと」と定義するならば、それは協同組合人を育てることとほぼ同義といえそうだからである。

3．協同組合人が育つ要因と具体策

(1) 協同組合人が育つ要因

　では、協同組合人としての職員はどうすれば育つのだろうか。アンケート調査では、その要因として様々な項目を仮説的に質問のなかに盛り込み、どの項目が協同組合人として育つことと関係性が強いのかを探った。図2はその結果を抜粋して示したものである。図中の数値は相関係

図2　協同組合人としてJA職員が育つ要因

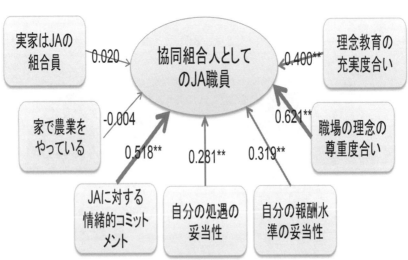

注：数値は相関係数を表す。** は1％水準で有意を意味。

終章　協同組合人として職員みんなが活躍するJAをめざして

数をあらわしており、この数値が高い（1に近い）項目ほど、協同組合人として育つことと関係性が強いことを意味している。

　相関係数は高い順に「職場の理念の尊重度合い」「JAに対する情緒的コミットメント」「理念教育の充実度合い」となった。このうち「職場の理念の尊重度合い」とは、日常的に職員みんなが組合員基点の思考・行動をとることができているような状況、すなわちそれが組織文化として定着していることを意味している。この点については、本稿の最後に触れることとして、以下では2番目に高くなった情緒的コミットメントを高める方策と、3番目に高くなった理念教育の具体策を述べることとする。

(2)　愛着や誇りをいかに高めるか

　まず、情緒的コミットメントを高める方策についてである。同コミットメントは、所属している組織に対する愛着や誇りを意味するものであり、仕事が多様性・自律性・挑戦性に富んでいると高まるとされている（鈴木竜太『自律する組織人』、生産性出版、2007年）。

　多様性とは、機械的な仕事ではなく、問題解決型の仕事であることを意味する。今のJAにおいて、職員一人ひとりに問題解決型の仕事を与えることはできているだろうか。

　たとえば支店では、渉外に比べて窓口は機械的な仕事になりやすいと考えられる。ただし、窓口担当者に来店者との会話時間を10秒長くすることを目標として設定すれば、その目標を達成するための問題解決行動がとられるだろう。このように、やり方次第ですべての仕事を多様性のあるものにすることはできるはずである。そのための工夫が求められているのである。

　自律性とは、仕事のプロセスを自分で決められることを意味する。管理職の指示が頻繁かつ詳細にわたれば、部下の自律感が低下するのは当然であろう。指示はタイミングが重要であるとともに、その内容は全般的なものにとどめるべきといえる。

　また、管理職が部下と一緒に仕事をしない職場のほうが、業績がより

125

高いことが指摘されている（稲葉祐之・井上達彦・鈴木竜太・山下勝『キャリアで語る経営組織』、有斐閣、2022年）。この指摘は、管理職がマネージャーとしての仕事に専念する重要性にとどまらず、一緒に仕事をすることで部下の自律性が損なわれ、成長が停滞しパフォーマンスが上がりにくくなることを意味しているのである。

挑戦性とは、自分の能力に照らして難易度の高い仕事であることを意味する。当たり前のようにできる仕事ばかりでは、モチベーションを保つのは難しいだろう。管理職が部下一人ひとりの能力を見極めながら、少々ハードルの高い仕事を任せる、あるいは目標を課す。その際に期待の言葉も添えられていたら、部下は意気に感じてその仕事や目標に向き合うだろう。もちろん挑戦的な仕事である以上は失敗がつきものとなる。失敗が起きた際には、それを批判するのではなく学習の機会へと昇華させる。こうした管理職の対応が重要となる。

⑶　訪問活動と組合員組織事務局への従事

次に、理念教育についてだが、ここではOJT的な理念教育として、すべての職員に次の2つの業務に従事することを提案する。

第一には訪問活動である。訪問の意義は対面することにある。対面していれば、「この人はいい人だな」「この人はちょっと苦手だな」というように、感情が芽生えるだろう。電話やメールでは感情は芽生えにくい。

訪問を通じて組合員と職員は、情報だけでなく感情のやりとりも行っており、感情のやりとりを通じて生み出されるものが信頼関係なのである。ひとたび信頼関係が構築されれば、相手の本音・本心に迫ることができるだろう。困りごとや相談ごとがあればそれに応えてあげたいと思い、解決策を求めて自分で調べ物をしたり、先輩職員に聞いたりするはずである。それは協同組合人としての実践にほかならないのである。

第二には組合員組織の事務局である。多くのJAの業務では、売り手の職員と買い手の組合員という関係にならざるを得ない。しかし組合員組織の事務局はこうした関係性を超えて、真に組合員目線で共に頭を使い、共に汗をかくことを経験できる。JAには生産部会をはじめ多くの

組合員組織がある。支店協同活動も企画や実践を組合員と共に遂行できるならば、そこでの経験は組合員組織の事務局と同様のものとなるはずである。

多くのJA職員は、研修等を通じて協同組合の特徴、「組合員を基点に考え、行動すること」の重要性を認識しているだろう。この認識に訪問活動や組合員組織の事務局としての経験が加わることにより、「組合員を基点に考え、行動する」ことの意味が腹落ちし、協同組合人としての成長が加速することになると考えられるのである。

4．JAで働く基礎条件の再構築

(1) 基礎条件と活躍条件

さて、ここまでダイバーシティ経営の実現という観点から、協同組合人を育てることの意味やその具体策を見てきたが、昨今のJAにおいて新採用職員の定員割れが常態化し、若手にとどまらず中堅職員の離職率も高まっているとの声が聞かれるようになっていることを鑑みたとき、同経営の実現にはあらためて考えるべきことがあるように思われる。

そもそも職員は、JAに様々なことを求めている。一方、JAは職員に様々なものを与えている。JAから与えられるものが欲求を満たすものであるとき、職員はJAにとどまり、生き生きと働くと考えられる。このことを、マズローの欲求5段階説を踏まえて整理したのが図3である。

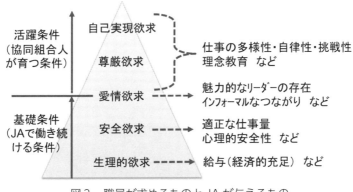

図3　職員が求めるものとJAが与えるもの

ここまで見てきた仕事の多様性・自律性・挑戦性、あるいは理念教育などは、高次の欲求を満たすもの、職員の活躍条件を構成するものといえるだろう。前述したとおり、現在のJAにおいては低次・協同組合人が多数を占めていると考えられる。今後、同条件にかかる施策の充実化は不可欠といえるだろう。

　その一方で、中堅職員の離職率の高まりなどは、低次の欲求が満たされなくなってきていること、JAで働き続けるためのいわば基礎条件が崩れてきていることを示唆しているのではないだろうか。基礎条件を構成するものとしては様々なものが考えられるが、以下では図に示される給与とインフォーマルなつながりに絞って課題を述べることとする。

(2)　賃金カーブをいかに見直すか

　まず、給与についてである。一般的に日本企業の賃金カーブは図４に示されるような形状であることが指摘されている（伊丹敬之・加護野忠男『ゼミナール経営学入門 第３版』、日本経済新聞社、2003）。

　同図によれば、新採用時には賃金が生産性（≒組織に対する貢献度合い）を上回っているが、その後は賃金が生産性を下回る状況、すなわち従業員にとって損な状況が続く。しかしキャリア終盤には再び賃金が生産性を上回るようになる。つまり、最後まで勤めあげればキャリア中盤の損な状況を帳消しできるようになっており、終身雇用・年功序列とい

図４　日本企業における従業員の賃金と生産性

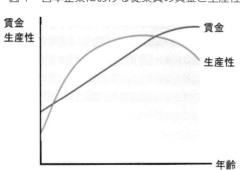

資料：伊丹敬之・加護野忠男『ゼミナール経営学入門 第３版』、日本経済新聞社、2003、p.232の図を修正して作成。

終章　協同組合人として職員みんなが活躍するJAをめざして

う雇用慣行と整合的なのである。

　こうした賃金体系のなかで今起きていることは、若手から中堅へと離職者の年齢層が上昇していることである。それは、賃金が生産性を下回っていることを看過できなくなってきていることのあらわれなのではないか。JAにおいても賃上げが進みつつあるようだが、筆者の見聞では特に大きな引き上げを図っているのは初任給である。新採用市場が高騰しているなかでの緊急避難的な措置といえるが、それだけで十分でないのは明らかであろう。

　賃金を上げることは、いってみれば人材への投資を増やすことである。経営者ならば、だれもが投資を増やしたいだろう。ただし、財政的な制約がつきまとうことはいうまでもない。JAに求められているのは、賃金カーブ全体の見直しである。今後の動きが注目される。

⑶　インフォーマルなつながりの重要性

　次に、インフォーマルなつながりについてである。それはマズローの欲求5段階説でいうところの、安全欲求や愛情欲求を満たすものであると考えられる。

　企業内部には明確な権限関係がある。その関係に基づいて、いわゆるホウ・レン・ソウが行われ、つながりがつくり出されていく。こうしたつながりは"フォーマル"なつながりと呼ばれる。一方、企業内部にはこうした関係に基づかないつながり、端的には「仲良し」といえるような感情で結びついたつながりもあり、それが"インフォーマル"なつながりである。

　どちらのつながりも大切なのだが、ここで"インフォーマル"なつながりを取り上げるのは、それが急速に失われていると考えられるからである。

　近年、アフターファイブの付き合いが少なくなったことを実感している職員は少なくないだろう。それは直近ではコロナ禍の影響がもちろんあるが、底流をなしているのは「ワークライフバランス」という言葉に象徴されるように、生活やプライベートを重んじる風潮が高まってきて

129

いること、人々の価値観の変化にあるといえるだろう。

インフォーマルなつながりには、組織内の情報共有の促進、職場の行動規範（どの程度真剣に働くべきか、どの程度規律を守るべきか）や人の育成環境を決める（人は好意を持つ人に影響される）などの意義があるとされている（伊丹・加護野『前掲書』）。しかしより重要なことは、フォーマルなつながりは逃げ道のないものであるのに対し、インフォーマルなそれには逃げ道があることだろう。

逃げ道のないつながりのなかでは、関係が悪化すれば大きなストレスを抱えることとなる。それゆえ「言いたくても言えない」ことは少なくないだろう。しかし、逃げ道のあるつながりならば、関係が悪化した際にそのつながりから離れることができる。それゆえ言いたいことを言いやすいと考えられるのである。働く人にとっては、心の健康を保つためのセーフティネットのようなものといえるだろう。

昨今 JA において離職率が高まっている背景の1つには、インフォーマルなつながりの弱体化があるのではないだろうか。つながりづくりの基本は、対面でのコミュニケーションや共同作業である。JA にはこうした場づくりが期待されているのである。

5．トップからはじまる組織文化づくり

本稿では、仕事のやりがいや自らの成長を実感しながら働くことができる JA づくりの具体策として、特に協同組合人としての職員の育成方策について考察した。また、JA で働き続けるための基礎条件として、賃金カーブの見直しとインフォーマルなつながりづくりの重要性を指摘した。

最後に、ここではあらためて協同組合人を育てる具体策、特に協同組合人が育つ組織文化づくりについて触れることとする。

結論から述べるならば、こうした組織文化づくりにはトップの役割発揮が不可欠である。それは、組織文化にかかる研究蓄積が豊富な経営学において、企業において組織文化が定着しない要因のうち、「もっとも致命的なものはトップのコミットメント不足」であることが明らかにさ

終章　協同組合人として職員みんなが活躍する JA をめざして

れているからである（伊丹・加護野『前掲書』）。

　もしも JA が、「組合員を基点に考え、行動する」ことを組織文化として定着させたいならば、それにはトップのコミットメントが絶対的に不可欠なのである。

　トップがコミットメントしていることの示し方は無数にあるだろう。会合において繰り返し「組合員を基点に考え、行動する」ことの重要性を説くのも１つであろうし、担い手等への訪問活動に率先して取り組むことも１つといえる。支店協同活動のなかでだれよりも楽しみながら組合員と交流することも１つといえるだろう。

　「うちの JA は、トップがあれだけ組合員を基点に考え、行動しているから、自分もそうしないわけにはいかない」。職員にそういわせたいものである。協同組合人が育つ組織文化づくりは、トップが協同組合人であることからじはまるのである。

（2024年３月号掲載）

一般社団法人日本協同組合連携機構（JCA）の概要
(2024年7月31日現在)

1．JCAの発足
　2018年4月1日、わが国の協同組合の健全な発展と持続可能な地域のよりよいくらし・仕事づくりを目的に、協同組合を横断したわが国唯一の常設の法人組織として「一般社団法人JC総研」から「一般社団法人 日本協同組合連携機構（JCA）」へ組織再編して発足。これにともないJJCの活動とJC総研の組織はJCAに移行。

2．役員体制
　(1)　代表理事会長：山野 徹（JA全中代表理事会長）
　(2)　代表理事副会長：土屋 敏夫（日本生協連代表理事会長）
　(3)　代表理事専務：比嘉 政浩

3．JCAの会員構成
　(1)　1号会員：各協同組合セクターの全国組織など19団体（社員）
　(2)　2号会員：JA都道府県中央会など55団体
　(3)　3号会員：都道府県生協連など492団体

4．JCAが担う2つの主な活動
　(1)　協同組合間連携の推進・支援・広報
　　　①協同組合間連携の推進・支援
　　　　・全国組織の連携強化と企画
　　　　・都道府県域等におけるラウンドテーブル等連携の推進・支援
　　　　・海外協同組合との連携
　　　②政策提言・広報の実施
　　　　・協同組合共通の課題・政策への対応

・協同組合に関する広報の実施
(2) 持続可能な地域のよりよいくらし・仕事づくりに向けた教育・調査・研究
①協同組合に関する教育・調査・研究
・協同組合研究誌「にじ」の編集・発行
・日本の協同組合の基礎的統計の作成・発信
・役職員・次世代等への教育・研修
・協同組合研究組織との交流
②地域社会と農林水産業に関する調査・研究
・JAの体系的な組合員政策に関する調査研究
・調査・研究の成果発信
③会員等からのニーズに応じた調査・研究の受託
・協同組合ならびに地域社会・農林水産業に関する調査研究事業
・各種セミナー等への講師派遣
④食育・食農に関する調査・コンサルティング
・食育ソムリエの養成・育成
・協同組合間の食育連携体制の構築
・食と農に関する調査・研究

5. JCA2030ビジョン　～協同を広げて、日本を変える～

協同組合らしくお互いに助け合い、皆の幸せの実現を目指すことによって、成長・競争一辺倒ともいえる今の社会を持続可能な地域社会に変えていくこと、そして、「人のつながり」を積み重ね、組合員・地域住民はもとより協同組合間連携のもと地元企業・NPO・行政等多様な関係者とともに様々な地域課題の達成をめざす「協同のプラットフォーム」として「協同をひろげる」ことをJCA会員である協同組合がともにすすめていきます。

＜執筆者＞

仲澤 秀美	山梨県・JA梨北 元常務	（第1章）
菅野 房子	福島県・JAふくしま未来 経済部	（第2章）
小川 理恵	一般社団法人日本協同組合連携機構 基礎研究部 主席研究員	（第3章）
佐藤 可奈子	women farmers japan 株式会社 代表取締役	（第4章）
濱田 健司	東海大学文理融合学部 経営学科 教授	（第5章）
髙橋 玲司	株式会社JAぎふ はっぴぃまるけ 統括部長	（第6章）
藤井 正隆	株式会社イマージョン 代表取締役	（第7章）
小林 みずき	信州大学学術研究院 農学系 助教	（第8章）
水柿 大地	NPO法人英田上山棚田団 理事・みんなの孫プロジェクト 代表	（第9章）
森 久美子	作家・拓殖大学北海道短期大学 客員教授	（第10章）
福田 いずみ	一般社団法人JA共済総合研究所 調査研究部 主任研究員	（第11章）
西井 賢悟	一般社団法人日本協同組合連携機構 基礎研究部 主席研究員	（終　章）

※所属、肩書き・役職は『農業協同組合経営実務』掲載時のものです。

ダイバーシティJA　だれもが活躍できる地域をめざして

2024年10月1日　　第1版第1刷発行

編　著　者	一般社団法人日本協同組合連携機構
発　行　者	尾　中　隆　夫
発　行　所	全国共同出版株式会社

　　　　　　　　〒160-0011　東京都新宿区若葉1-10-32
　　　　　　　　電話 03-3359-4811　FAX 03-3358-6174

印　刷・製　本	新灯印刷株式会社
表紙イラスト	iStock.com/hisa nishiya・iStock AI 生成ツール

ⓒ2024 Japan Co-operative Alliance（JCA）
Printed in Japan